3D DAYIN CHUANGYI ZAOXING
SHEJI SHILI

3D打印
创意造型设计实例

孙凤翔　主编

化学工业出版社
· 北京 ·

图书在版编目（CIP）数据

3D打印创意造型设计实例/孙凤翔主编 . —北京：
化学工业出版社，2019.4
ISBN 978-7-122-33710-8

Ⅰ.①3… Ⅱ.①孙… Ⅲ.①立体印刷-印刷术
②产品设计Ⅳ.①TS853②TB472

中国版本图书馆 CIP 数据核字（2019）第 019475 号

责任编辑：项　澂　张兴辉　　　　　文字编辑：陈　喆
责任校对：边　涛　　　　　　　　　装帧设计：王晓宇

出版发行：化学工业出版社（北京市东城区青年湖南街 13 号　邮政编码 100011）
印　　刷：三河市航远印刷有限公司
装　　订：三河市宇新装订厂
787mm×1092mm　1/16　印张 14¼　字数 355 千字　　2019 年 6 月北京第 1 版第 1 次印刷

购书咨询：010-64518888　　售后服务：010-64518899
网　　址：http://www.cip.com.cn
凡购买本书，如有缺损质量问题，本社销售中心负责调换。

定　　价：79.00 元

前言
Preface

创意就是推陈出新、别开生面、打破陈规、与众不同，但也必须遵循规律。

"3D 打印"，这一独特的制造技术让我们能够生产出各种形状的物品。3D 打印机依据计算机指令，通过层层堆积原材料的方式制造产品属于"增材制造"。在传统制造业里，我们是通过切割原材料或通过模具成型制造实体物品，这属于"减材制造"。

3D 打印在近些年逐渐大热，此前，部件设计完全依赖于生产工艺能否实现，而 3D 打印机的出现，将颠覆这一生产思路。有人称赞 3D 打印是"所想即所得"，任何复杂形状的设计均可以通过 3D 打印机来实现。3D 打印技术可与传统制造业技术互补，共同推进现代制造业的转型，助推"中国制造 2025"。此外，3D 打印技术本身也在不断改进，不断有新的应用材料出现，应用领域也在逐步拓展。

本书为培养能把创意变成现实的"创客"而编写。"创意"是艺术，也是科学，"创意造型"离不开"空间想象"。计算机"三维建模"是将创意灵感变成可视化的虚拟现实，而 3D 打印可将想象快速转变成看得见、摸得着的真实物体。

本书精选三维构思创意实例，解说三维造型流程，理顺三维建模思路；重点说明造型要点、亮点及难点；各实例均有分解造型立体图，便于领悟。

三维打印的设计过程是：先通过计算机建模软件进行三维建模，再将建成的三维模型"分区"成逐层的截面——"切片"，从而指导打印机逐层打印。

本书着重介绍"三维建模"的便捷方法，以图文并茂的叙述方式，力求让读者尽快融入便捷三维建模领域中，让"理论插上实践的翅膀"，不断进取创新。至于 3D 打印技能，由于机型、材质不同，实操性过强，各种经验法也多，在此仅作基本介绍，望读者勇于实操。

作者通过长期的教学和工业设计实践，持之以恒探究空间逻辑思维的认知规律，提炼、"萃取"，凝成了学科、设计、实践的智慧结晶；坚定了"避抽象、重研练"的路径，特别编撰了一些新颖实例，并进行循序渐进的巧解；通过图物并茂演示，让读者先入为主（启蒙视觉判明），再引领右脑融会（进入空间构思的畅想境界）。实践证明，通过"研练促学"的方法，会让学员、技师较快产生求知欲，从而"掩卷沉思""独出心裁"生出创意火花。

技术知识可以传授，而创新思维只能启发。本书遵从"少而精，学到手"的宗旨，所选实例由浅入深，适应不同层次的需求，按照个性化处理实例的广度、深度，力求让初学者体会到轻松入门的乐趣，也会让深究者获得"别有洞天"的快感。

本书适合工科研究生、工业设计技师及理工科大中专师生使用，以提高"三维建模"智能，熏陶提升"图解、图示"水平。也可用于全国及各省市的 CAD 绘图师考证以及 CAD 大赛，进一步展现工业设计才华，夯实创意基础。

本书由孙凤翔任主编，刘航、孙冬任副主编，于波、祝洪海、牟峰、杨华、孙战、朱瑞景、谢桂真、于莉、蓝海霞参加了编写工作，王桂花、胡波参加了绘图、校对工作。

限于编者学识水平，书中不足之处在所难免，敬请指教，不胜感激。

编者

目录

Contents

第一章

3D 打印

001 ————

第二章

造型规律

014 ————

第三章

基本体挖切创意造型

035 ————

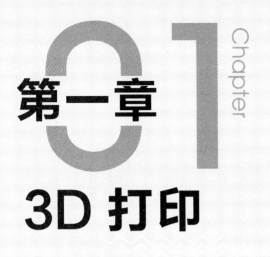

第一章
3D 打印

第一节 概述

1. 为什么叫"打印"

3D 打印机的结构和传统打印机基本一样，都是由控制组件、机械组件、打印头、耗材和介质等架构组成的，打印原理也是一样的。3D 打印与激光成型技术类似，采用了分层加工、叠加成型来完成 3D 实体打印。普通的 3D 打印机使用"喷墨"方式，只是喷出的"墨滴"是熔融的塑料、金属、陶瓷以及特殊合金等，即使用打印机喷头将一层极薄的液态塑料等物质喷涂在铸模托盘上，此涂层然后被置于紫外线下进行处理。之后铸模托盘下降极小的距离，以供下一层堆叠上来。还有的 3D 打印机使用"黏结、固化"方式，首先在需要成型的区域喷洒一层特殊"胶水"，胶水液滴本身很小，且不易扩散。然后喷洒一层均匀的粉末，粉末遇到胶水会迅速固化黏结，而没有胶水的区域仍保持松散状态。这样在一层胶水一层粉末的交替堆叠下，实体模型将会被"打印"成型，打印完毕后只要扫除松散的粉末即可"刨"出模型，而这些粉末还可循环利用。如图 1-1 所示的是两种精度较高的桌面工业级 3D 打印机。

图 1-1 工业级高精度 3D 打印机

3D 打印机（3D printers，3DP）是由一位名为恩里科·迪尼（Enrico Dini）的发明家设计的，它不仅可以"打印"机械零件、个性化服装、完整的建筑、骨骼、假牙，甚至可以在航天飞船中给宇航员打印所需的物品。图 1-2 所示的是 3D 打印机打印出的私人订制的时装、工艺品、房屋。

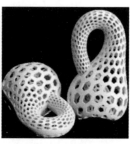

图 1-2 3D 打印机打印出的时装、工艺品、房屋

2. 3D 打印与普通打印的不同

常见的桌面打印机（喷墨打印机）和 3D 打印机最大的区别是维度问题：桌面打印机是二维打印，即在平面纸张上喷涂彩色墨水；而 3D 打印机也是喷涂"墨水"，一层层打印，

堆积黏合成可以拿在手上的三维物体，只是这"墨水"是熔融的金属、塑料、陶瓷以及特殊合金等。图 1-3 所示的是一种国产 3D 打印机在逐层打印工艺品。图 1-4 所示的是 3D 打印机打印出的机件。图 1-5 所示的是 3D 打印机打印出传统工艺难以制造的物品。

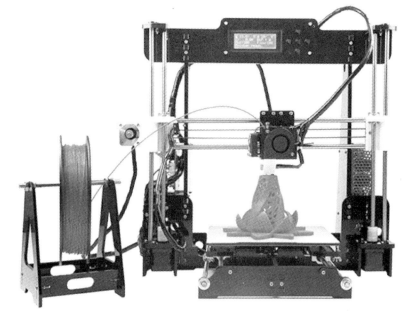

图 1-3　一种国产 3D 打印机

图 1-4　3D 打印机打印出的机件

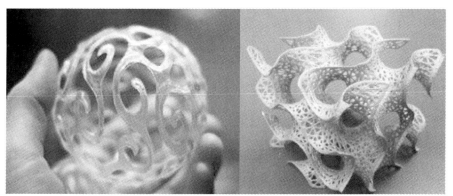

图 1-5　3D 打印机打印出传统工艺难以制造的物品

3D 打印机与传统打印机的另一个区别是，它使用的"墨水"是实实在在的原材料，堆叠薄层的形式有多种多样，可用于打印的材料种类多样，如塑料、金属、陶瓷以及橡胶类物质等。有些打印机还能结合不同材质，令打印出来的物体一头坚硬而另一头柔软。

3. 3D 打印机的技术原理

"3D 打印"是一类将材料逐层叠加来制造三维物体的"增材制造"技术的统称，区别于传统的"减材制造"，其核心原理是："分层制造，逐层叠加"，类似于高等数学里柱面坐标三重积分的过程。3D 打印技术将机械、材料、计算机、通信、控制技术和生物医学等技术融合在一起，具有缩短产品开发周期、降低研发成本和一体制造复杂形状工件等优势，未来可能对制造业生产模式与人类生活方式产生重要的影响。

3D 打印是制造业领域正在迅速发展的一项新兴技术，被称为"具有工业革命意义的制造技术"。运用该技术进行生产的主要流程是：应用计算机软件设计出立体的加工样式，然后通过特定的成型设备——3D 打印机，用液化、粉末化、丝化的固体材料逐层"打印"出产品。

3D 打印是"增材制造"的主要实现形式。"增材制造"的理念区别于传统的"减材制造"。传统制造一般是在原材料基础上，使用切割、磨削、腐蚀、熔融等办法去除多余部分，得到零部件，再以拼装、焊接等方法组合成最终产品。而"增材制造"不需原坯和模具，就能直接根据计算机的三维图形数据，通过增加材料的方法生成任何形状的物体，简化产品的制造程序，缩短产品的研制周期，提高效率并降低成本。

作为一种综合性应用技术，3D 打印综合了数字建模技术、机电控制技术、信息技术、材料科学与化学等诸多方面的前沿技术知识，具有很高的科技含量。

3D 打印机又称三维打印机，是一种累积制造技术，即快速成型技术，它是一种以数字模型文件为基础，运用特殊蜡材、粉末状金属或塑料等可黏合材料，通过打印一层层地黏合材料来制造三维的物体。形象地讲，3D 打印有如蚕的"吐丝结茧"，再层层黏合成型。

3D 打印机是 3D 打印的核心装备。它是集机械、控制及计算机技术等为一体的复杂机电一体化系统，主要由高精度机械系统、数控系统、喷射系统和成型环境等子系统组成。此外，新型打印材料、打印工艺、设计与控制软件等也是 3D 打印技术体系的重要组成部分。

按照 3D 打印的成型机理，通常将 3D 打印分为两大类：沉积原材料制造与黏合原材料制造，涵盖十多种具体的三维快速制造技术，较为成熟和具备实际应用潜力的技术有 5 种：SLA——立体光固化成型、FDM——容积成型、LOM——分层实体制造、3DP——三维粉末黏结和 SLS——选择性激光烧结。

按照材料来分，3D 打印机也可分为两类：第一类是金属材料增材制造工艺技术，包括激光选区融化（SLM）、激光近净成型（LENS）、电子束选区熔化（EBSM）、电子束熔丝沉积（EBDM）等；第二类是非金属材料增材制造工艺技术，包括光固化成型（SLA）、熔融沉积成型（FDM）、激光选区烧结（SLS）、三维立体打印（3DP）、材料喷射成型等。在精度上，3D 打印已经能够在 0.01mm 的单层厚度上实现 600dpi 的分辨率。

总之，3D 打印机就是利用光固化和"纸层叠"等技术的快速成型装置。

4. 3D 打印机堆叠薄层的形式

① "喷墨"的方式：即使用打印机喷头将一层极薄的液态塑料物质喷涂在铸模托盘上，此涂层即可被置于紫外线下进行处理"凝固"，之后铸模托盘下降极小的距离，以供下一层堆叠上来。

② "熔积成型"技术：塑料在喷头内熔化，然后通过沉积塑料纤维的方式来形成薄层。

③ "激光烧结"技术：以粉末微粒作为打印介质。粉末微粒被喷洒在铸模托盘上形成一层极薄的粉末层，熔铸成指定形状，然后由喷出的液态黏合剂进行固化。

④ 有的则是利用真空中的电子流熔化粉末微粒，当遇到包含孔洞及悬臂这样的复杂结构时，介质中就需要加入凝胶剂或其他物质以提供支撑或用来占据空间。这部分粉末不会被熔铸，最后只需用水或气流冲洗掉支撑物便可形成孔隙。

5. 当前成熟的 3D 专利技术

① FDM——熔融沉积快速成型（fused deposition modeling）。这是目前应用较广的工艺，FDM 是用加热头把热熔性材料（塑料、树脂、尼龙、蜡等）加热到临界状态，使其呈半流体状态，然后按照程序文件规定的轨迹运动，并将半流体状材料挤压出来，让材料瞬时凝固，形成有轮廓形状的超薄层。图 1-6 所示的是运用 FDM 工艺打印出的塑料花瓶。

图 1-6　运用 FDM 工艺打印出的塑料花瓶

② SLA——光固化成型（stereo lighigraphy apparatus）。光固化工艺材料是能在紫外线照射下产生聚合反应的光敏树脂。SLA 的过程是，在 3D 打印前，光固化设备会将物体的三维模型"切片"，让紫外线沿着零件的各分层截面轮廓，对液态树脂逐点扫描，被扫描到的树脂薄层会产生聚合反应，由点逐渐形成线，最终形成零件的超薄固化截面，而未被扫描到的树脂保持原来的液态。

③ 3DP——三维粉末黏结（three dimensional printing and gluing）。

④ SLS——选择性激光烧结（selecting laser sintering）。

将很薄（亚毫米级）的一层原料（金属或复合材料、塑料、陶瓷等）粉铺在工作台上，将材料预热到接近熔融点时，按二维扫描轨迹，通过红外激光束照射，使粉末熔化，被烧结成极薄的实体片层，而未被扫描的粉末仍保持松散状态。这样逐层扫描烧结，去掉多余粉末，再适当打磨、处理，获得零件。

6. 3D 打印流程

3D 打印的流程是：先通过计算机辅助设计（CAD）或计算机动画建模软件建模，再将建成的三维模型"分区"成逐层的截面数据，从而指导打印机逐层打印。图 1-7 所示为 3D 打印流程。

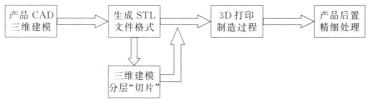

图 1-7　3D 打印流程

建模后导入成型机里进行处理、设计支撑、分层、合并打印出来。而分层软件以 STL 文件格式为基础，导入前，要先生成 STL 文件。

目前，设计软件和打印机之间协作的标准文件格式是 STL 文件。STL 文件使用三角面来近似模拟物体的表面，三角面越小其生成的表面分辨率越高。PLY 是一种通过扫描产生三维文件的扫描器，其生成的 VRML 或者 WRL 文件经常被用作全彩打印的输入文件。

目前，有人在推广一种 AMF 格式的 3D 打印文件，主要是增加了模型的纹理、颜色、材质等信息，以后可能还会有新的技术出现。

打印机通过读取文件中的横截面信息，用液体状、粉状或片状的材料将这些截面逐层地打印出来，再将各层截面以各种方式黏合起来从而制造出一个实体。这种技术的特点在于其几乎可以制造出任何形状的物品。

打印机打出的截面的厚度（即 Z 方向）以及平面方向即 X-Y 方向的分辨率是以 dpi（像素/英寸❶）或者微米（μm）来计算的。一般的厚度为 $100\mu m$，即 0.1mm，也有部分打印机如 Object Connex 系列还有三维 Systems ProJet 系列可以打印出厚度仅 $16\mu m$ 的薄薄一层。而平面方向则可以打印出与激光打印机相近的分辨率。打印出来的"墨水滴"的直径通常为 $50\sim100\mu m$。用传统方法制造出一个模型通常需要数小时到数天（根据模型的尺寸以及复杂程度而定），而用三维打印的技术可以将时间缩短为数个小时。

有些技术可以同时使用多种材料进行打印，有些技术在打印的过程中还会用到支撑物，如在打印出一些有倒挂状的物体时就需要用到一些易于除去的材料（如可溶的东西）制作支撑物。

三维打印机的分辨率对大多数应用来说已经足够（在弯曲的表面处可能会显得比较粗糙，放大看表面如锯齿），要获得更高分辨率的物品可以先用当前的三维打印机打出稍大一点的物体，再稍微经过表面打磨即可得到表面光滑的"高分辨率"物品。

第二节 3D 打印的特色

3D 打印技术最突出的优点是不需机械加工或任何模具，就能直接从计算机图形数据中生成任何形状的零件，从而极大地缩短产品的研制周期，提高生产率和降低生产成本。

与传统技术相比，三维打印技术还有如下优势：通过摒弃生产线而降低了成本；大幅减少了材料浪费；而且，它还可以制造出传统生产技术无法制造出的结构形状，让人们可以更有效地设计出飞机机翼或热交换器等；另外，在具有良好设计概念和设计过程的情况下，三维打印技术还可以简化生产制造过程，快速有效地生产出单个物品。

三维打印技术还有其他重要的优点。大多数金属和塑料零件为了生产而设计，这就意味着它们会非常笨重，并且含有与制造有关但与其功能无关的剩余物。在三维打印技术中，原材料只为生产所需要的数量，借用三维打印技术，可以使生产出的零件更加精细且轻盈。

三维打印技术排除了使用工具加工、机械加工和手工加工，而且改动技术细节的效率极

---

❶　1 英寸(in)＝25.4mm。

高。传统的制造技术（铸造、锻压、车、铣、刨、磨、钳、电火花等），由于受到加工工艺的束缚，往往产生不必要的结构导致零件笨重，例如，为确保浇注流动性，使铁（钢）水充满砂型，设计铸造零件的壁厚应大于6mm，壁厚力求均匀且拐角应圆滑过渡，设计拔模斜度，钻孔底部必须按钻头角度设计成120°等，如图1-8所示。

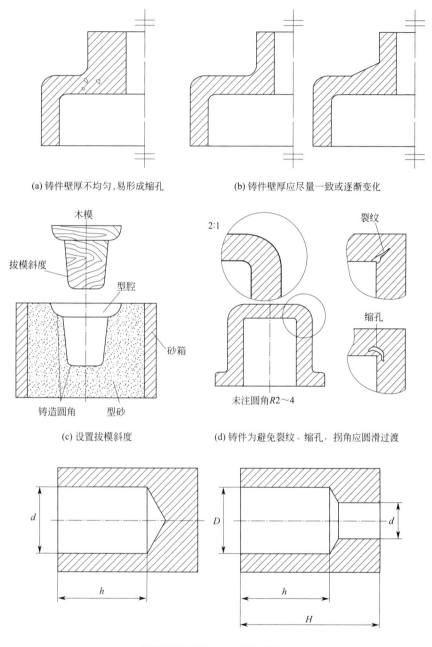

(a) 铸件壁厚不均匀,易形成缩孔　　　　　(b) 铸件壁厚应尽量一致或逐渐变化

(c) 设置拔模斜度　　　　　(d) 铸件为避免裂纹、缩孔，拐角应圆滑过渡

(e) 钻孔底部应设计成120°尖角(钻头角度)

图1-8　传统工业中的工艺结构

　　而3D打印可以不必考虑各种传统加工手段，不必考虑模具、刀具等，几乎是"所想即所得"。如图1-9所示的零件，由于内外结构形状比较复杂，靠传统加工手段难以实现，而采用3D打印手段，由于是层层堆积而成的"增材"过程，对结构简单和复杂的零部件是

"一视同仁"的。图 1-10 所示的是该零件的几个打印时态。

(a) 零件外形   (b) 假想剖去1/8   (c) 假想剖去1/4
图 1-9   传统加工手段难以实现的零件实例：涡流罩

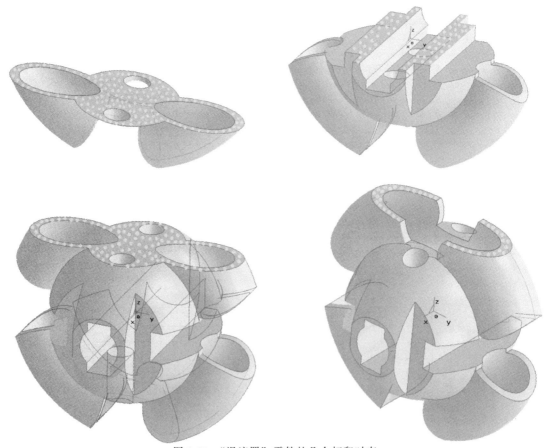

图 1-10   "涡流罩"零件的几个打印时态

3D 打印 10大优势

优势 1：制造复杂物品不增加成本

就传统制造而言，物体形状越复杂，制造成本越高。对 3D 打印机而言，制造形状复杂的物品，成本不增加，制造一个形状复杂的物品并不比打印一个简单的方块消耗更多的时间、技能或成本。制造复杂物品而不增加成本，将打破传统的定价模式，并改变我们计算制造成本的方式。

优势 2：产品多样化不增加成本

一台 3D 打印机可以打印许多形状，它可以像工匠一样每次都做出不同形状的物品。传统的制造设备功能较少，能加工出的形状种类有限。3D 打印省去了培训机械师或购置新设备的成本，一台 3D 打印机只需要不同的数字设计蓝图和一批新的原材料。

优势 3：不需组装

3D 打印能使部件一体化成型。传统的大规模生产建立在组装线基础上，机器生产出相同的零部件，然后由机器人或工人组装。产品组成部件越多，组装耗费的时间和成本就越多。而 3D 打印机通过分层制造可以同时打印出部件中需配合的所有零件，如图 1-11 所示，不需要组装。省略组装也就缩短了供应链。

图 1-11　直接打印出机构中的配合零件

优势 4：零时间交付

3D 打印机可以按需打印，即时生产减少了企业的实物库存，企业可以根据客户订单使用 3D 打印机"量身定制"以满足客户需求，所以新的商业模式将成为可能。如果人们所需的物品按需就近生产，零时间交付式生产能最大限度地减少长途运输的成本。

优势 5：设计空间无限

传统制造技术和工匠制造的产品形状有限，能制造出的形状受制于所使用的工具。3D 打印机可以突破这些局限，开辟巨大的设计空间，甚至可以制作目前可能只存在于自然界的形状。

优势 6：零技能制造

传统工匠需要当几年学徒才能掌握所需要的技能。批量生产和计算机控制的制造机器降低了对技能的要求，然而传统的制造机器仍然需要熟练的专业人员进行机器调整和校准。而 3D 打印机从设计文件里获得各种指示，做同样复杂的物品，3D 打印机所需要的操作技能比注塑机少。非技能制造开辟了新的商业模式，并能在远程环境或极端情况下为人们提供新的生产方式。

优势 7：不占空间，便携制造

就单位生产空间而言，与传统制造机器相比，3D 打印机的制造能力更强。例如，注塑机只能制造比自身小很多的物品，而 3D 打印机可以制造和其打印台一样大的物品。3D 打印机调试好后，打印设备可以自由移动，打印机可以制造比自身还要大的物品。较高的单位空间生产能力使得 3D 打印机适合家用或办公使用，因为它们所需的物理空间小。

优势 8：减少废弃副产品

与传统的金属制造技术相比，3D 打印机制造金属时产生较少的副产品。传统金属加工的浪费量惊人，90% 的金属原材料被丢弃在工厂车间里。3D 打印制造时金属浪费量较少。随着打印材料的进步，"净成形"制造可能成为更环保的加工方式。

优势 9：材料无限组合

对当今的制造机器而言，将不同原材料结合成单一产品是件难事，因为传统的制造机器在切割或模具成型过程中不能轻易地将多种原材料融合在一起，随着多材料 3D 打印技术的发展，我们有能力将不同原材料融合在一起，以前无法混合的原料混合后将形成新的材料，这些材料色调种类繁多，具有独特的属性或功能。

优势 10：精确的实体复制

数字音乐文件可以被无数次复制，音频质量并不会下降。未来，3D 打印将数字精度扩展到实体世界。扫描技术和 3D 打印技术将共同提高实体世界和数字世界之间形态转换的分辨率，我们可以扫描、编辑和复制实体对象，创建精确的副本或优化原件。

第三节　3D 打印与传统工业

1. 3D 打印——助推万众创新

3D 打印的工业应用，未来将变得平台化、智能化、系统化。它将不仅是研发流程和生产工艺中的单个环节、孤立技术的应用，而是对传统制造业的全面渗透和覆盖，甚至是商业模式的创新。3D 打印与机器人、物联网、大数据、云计算等领域的结合也将更加密切，进而削减仓储成本，优化供应链管理，在打造"智能工厂"、构建"智能生产"、实现"智能物流"中扮演更重要的角色。此外，3D 打印技术也将成为万千创客发挥创意、小型团队验证设计可行性、推动万众创新的重要助力。3D 打印可以把人们眼前所看到的、脑中所想到的变为现实。

2. 3D 打印——颠覆性的制造技术

3D 打印与传统制造业的最大区别在于产品成型的过程上。在传统的制造业中，整个制造流程一般需要经过开模具、铸造或锻造、切割、部件组装等过程。3D 打印则免去了复杂的过程，不需模具，一次成型。因此，3D 打印可以克服一些传统制造上无法达成的设计，制作出更复杂的结构。随着技术的不断进步，3D 打印在铸造精度上已经可以与传统方式相媲美，但是在大规模生产上，3D 打印目前仍无法获得规模经济，在成本上和效率上不具优势。因此，3D 打印主要应用于个性化、小批量和高精度的产品制造上。个性化定制、小批量、多品种的需求应用中，3D 技术的优势非常明显并且不可或缺，因为少了中间制作模具的环节，带来的是效率的提高、成本的降低和基于终端用户个性化需求的灵活性。

3D 打印技术是典型的颠覆性技术，一台打印机可以"万能地"制造种类繁多的定制化产品，有时甚至直接打印成型而无须组装，图 1-12 所示的是高精度 3D 打印机一次打印成型的机构装配体，由于精度达到公差配合级别，成型的配合零件可以精确转动或移动。

近代装备制造业经过数百年的积累和发展，形成了配套完善、功能齐全的产业基础；21

图 1-12　3D 打印机一次打印成型的机构装配体

世纪以来，传统制造业中不断引入新一代信息技术，正在向智能化、数字化和网络化的现代先进制造业转变。从技术上来说，3D 打印技术有待未来突破自身的限制，但 3D 打印技术可与传统制造业技术互补，共同推进现代制造业的转型。此外，3D 打印技术本身也在不断改进，不断有新的应用材料出现，应用领域也在逐步拓展。

3. 3D 打印与传统制造业优势互补

传统机械制造是基于削、钻、铣、磨、铸和锻等"减材"制造基本工艺的组合，工件的制造一般要经过多个工艺的组合才能完成。而 3D 打印技术秉承"分层制造，逐层叠加"的核心原理，是一体成型技术，一台 3D 打印机就可以完成整个工件的制造。从工业应用领域来看，目前 3D 打印适于小批量、造型复杂的非功能性零部件，大多在汽车、航天等领域内用于制造样件和模具等；而传统的机加工制造适用于大规模、需要量产的部件，并广泛应用在几乎所有领域。从使用的材料来分析，受制于技术的需要，3D 打印技术目前使用的材料多为塑料、光敏树脂和金属粉末等材料，这与传统机加工可以使用几乎任何材料相比要少很多。但 3D 打印就像其技术特点一样，几乎不产生浪费，材料的利用率可超过 95%；而传统制造，不同程度地要产生许多废料。

如今，3D 打印技术已经在社会公众中引起了较大的反响，业界也有学者认为 3D 打印将在制造业掀起颠覆性的革命。

4. 3D 打印技术助力脱贫，将淤泥化为房屋

利用淤泥，配以一定的混凝土，再加入一种特殊的黏合剂，从而混合配置成了 3D 打印原材料。运用 3D 打印技术，可快速成型房屋，只需 12～24h，即可打印出一幢 $60m^2$ 左右的房子，为居无定所的人提供一个温暖的家。图 1-13 所示的是一家 3D 打印公司仅用了 24h 建成的房屋的内、外景。

图 1-13　3D 打印出的房屋内、外景

第四节　3D 打印与智能制造人才培养

智能制造应该是产品还没有下生产线就知道它的用户是谁。"机器换人"可能是智能制造的一个必要条件，但不是充分条件。机器换人导致无人工厂出现，但无人工厂并不是智能制造。智能制造是一个体系，它是满足用户个性化需求的一个生产状态——互联网＋人工智能＋智能制造模式。

纵观近年 3D 打印发展史，3D 打印已逐步从单纯的技术研发转化为实际生产，广泛应用于汽车制造、医疗、科学研究、建筑设计等领域，不断实现技术突破。3D 打印正逐步步入拐点期，技术层面的突破性进展将成为 3D 打印推动工业 4.0 革命、引领"中国制造2025"向"中国智造"转变的着力点。

现代的工业设计很大程度上依赖美学和工程学的结合，过去工业产品一般只求实用耐用，但是随着社会的发展和进步，人们对产品的美观程度也有了相当程度的要求，要搞好设计必须从美学和工程学两个方面入手。

培养 STEM 素养人才（S：科学——Science；T：技术——Technology；E：工程——Engineering；M：数学——Mathematics）是提升国家竞争力的关键。现今理工科教育力求把学生学习的各科知识与机械制造过程融在一起。3D 打印技术为学生们的创新提供了便捷之路。3D 打印机不像传统制造机器那样通过切割或模具塑造制造物品。它通过层层堆积形成实体物品的方法从物理的角度扩大了数字概念的范围。对于要求具有精确的内部凹陷或互锁部分的形状设计，3D 打印机是首选的加工设备，它可以将这样的设计在实体世界中实现。3D 打印突破了传统制造的限制，为以后的创新提供了舞台。

数字工艺教育普及市场空间巨大，3D 打印机进入家庭、学校将变为新常态。3D 打印技术不需要长时间的工艺技巧训练，轻易地就可以完成不可思议的立体造型。3D 打印可以让每个人的设计思想得到解放。手机终端后面是庞大的互联网技术团队和信息技术团队，因此，若要让 3D 打印机将来变得像手机一样普及，首先要解决的是 3D 打印机的信息化改造，才能适应未来移动互联网和移动信息网络的全面普及。目前，要设法让每一台打印机都有一个相对强大的后台支撑，爱好者可以很方便地将他们开发的软件上传，能够联网到一个个平台，自动进入各个云端，要给 3D 打印机安装一个 CPU，这个 CPU 可以随时升级、远程控制，可以自动修复、自动换行、自动与上下游相关配套模块结合。

当前，全球新一轮科技革命和产业变革风起云涌，增材制造、工业互联网、工业大数据、工业 4.0（工业 1.0 是机械化，工业 2.0 是电气化和内燃机，工业 3.0 是自动化和信息化加精益化，工业 4.0 是智能制造）等一批新的生产理念不断涌现。以互联网为核心的新一代信息技术融合创新，已经成为驱动信息技术与实体产业融合发展的新引擎。

智能制造系统不只是人工智能系统，也是人机一体化智能系统，是混合智能。它能熟练地应用三维软件设计出所需的零部件，利用有限元分析，进行强度、疲劳等验证，并且生成足以指导生产的二维工程图，或者直接拿到数控设备上加工出来。

衡量一个好的设计人员的标准是看他的学习能力、搜索能力、思维能力、创新能力的综合水平。勤于思考，运用设计绘图软件开发一些新的功能，方便实用，就是创新。3D 打印的流程包括 CAD 设计、横切面重建、逐层打印，其核心是计算机辅助设计。一个有发明渴望的人，加上一台笔记本电脑、一台 3D 打印机就能把创意"打印"成样品。

第五节 4D打印崭露头角——创造出"智能化"物体

4D打印准确地说是一种能够自动变形的材料，只需特定条件（如温度、湿度等），不需要连接任何复杂的机电设备，就能按照产品设计自动改变成相应的形状。4D打印最关键的是"智能材料"。

智能材料其实也是功能性材料的一种，它可以随着时间、温度等外部环境的改变而发生变化。

4D打印就是在3D打印的基础上增加"时间"因素，让打印出的物体的形状能随时间变化，使"打印"不再是创造过程的终结，而是一条创造路径。犹如产品能够"进化"，4D打印出来的物件，不再只能以固定的形态存在，而是可以根据设定的时间，在一定条件的触发下，自动发生形状的改变，如图1-14所示。

图1-14 4D打印出的物品按设定时间发生形变

4D打印的流程：首先对材料进行编程，使其能够对某些刺激做出反应，如冷、热和湿度，再把这样的材料用3D打印机打印出来。4D打印延续了3D打印，并添加了变形维度。

4D打印让快速建模有了根本性的转变。与3D打印的预先建模、扫描，然后使用物料成型不同，4D打印直接将"设计"内置到物料当中，简化了从"设计理念"到"实物"的造物过程，让物体如机器般"自动"创造，不需要连接任何复杂的机电设备。

4D打印的意义非常深远。它把人工参与的部分集中在前期设计，然后让打印出来的物体进行自我制造和调整，这样一来，就像把"智慧"植入材料当中一样。不过，4D打印技术非常复杂，目前也只能打印可以自动变形的条状物体，接下来的研究目标是片状物体，然后才是其他更加复杂的结构。

4D打印中复合材料的表现与记忆金属看起来有一些相似，却完全不同，复合材料是按照预先设定好的时间形状变形，让物体如机器般自动制造，而不是先设定好物体然后再制造。而记忆金属则是在特定外部条件下回归原来的形状，即物体已经被设定完成，而不是被制造。与3D打印需要建模、扫描不同，4D打印更为智能，物料可自行创造，简化了打印过程。4D打印所采用的是通过3D打印完成材料建模，同时在制作复合材料或刷树脂的过程中，用芯片或塑形变化等手段，达到使材料能在特定时间完成"形变"的目的。

第二章
造型规律

　　创意造型与工程设计图密切相关。3D打印若仅用于仿造，可运用立体分层扫描技术；而要创新，欲获得前所未有的物件，则只能凭灵感设计——创意三维建模。因此，作为创新3D打印的基础，创意三维建模已经成为业内人士追捧的热点。

　　若仅需进行模糊三维设计，可以脱离工程视图；但要进行三维精准设计，特别是对于某些具有公差配合的零件，往往需要运用工程视图记载信息、存档、交流。如图2-1所示"涡流罩"零件，需要利用二维工程视图记载其结构、尺寸公差、形位公差、表面粗糙度等技术要求。要想进行工业造型设计，若不懂得"工程图纸"的绘制和识读，是难以胜任的。

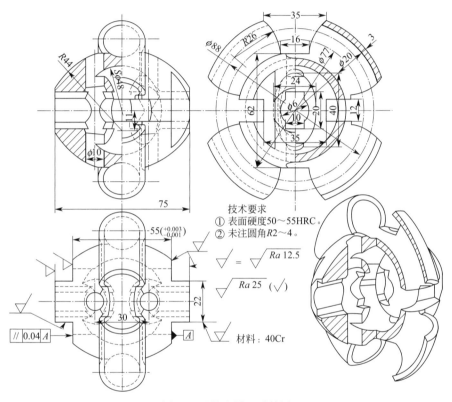

图 2-1 "涡流罩"零件图

　　作者希望引领读者顺利看懂工程视图，想象立体形状，创新三维建模设计，在3D打印领域里愉悦驰骋。

第一节　造型设计

一、造型设计表达方式

1. 投影与视图

　　设计和制造时，普遍使用投影图形来表达物体，工程图样是采用正投影法画出的。正投影法是用平行光线照射物体而在与投射光线垂直的投影面上获得影像，如图2-2所示。

　　但是，仅从一个方向照射物体获得的影像，往往无法确定物体的准确形状，如图2-3所示，不同形状的物体可以获得某一方向相同的影像。

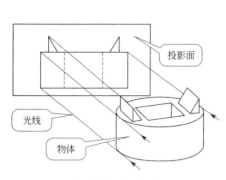

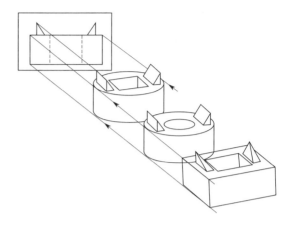

图 2-2　正投影　　　　　　　　　　图 2-3　不同形状物体可获得某一方向的相同影像

　　多面正投影：国际标准化组织（ISO）规定了三个互相垂直的投影面，分别称为正面投影面（V）、水平投影面（H）、侧面投影面（W），形成了三面投影体系。将立体置于三面投影体系中，从形体的前方、上方、左方，分别进行正投影，这样，几个投影联合起来，便可全面反映形体的形状。如图 2-4 所示，这就是常说的"三视图"（形体在正面投影面上的投影称为"主视图"，形体在水平投影面上的投影称为"俯视图"，形体在侧面投影面上的投影称为"左视图"）。为了使三个互相垂直的视图能画在一个平面上，按照国家标准规定，要求正面投影面保持不动，水平投影面向下旋转 90°，侧面投影面向右旋转 90°。再去掉各投影面的边框，即形成了如图 2-4 所示的三视图。其位置是：主视图的正下方是俯视图，主视图正右方是左视图。

　　2. 三视图的投影规律

　　主视图、俯视图——长对正；

　　主视图、左视图——高平齐；

　　俯视图、左视图——宽相等。

　　这是工程图学基本理论的浓缩，其中，"宽相等"是初学者的一个门槛。

　　形体的正投影与三视图如图 2-4 所示。

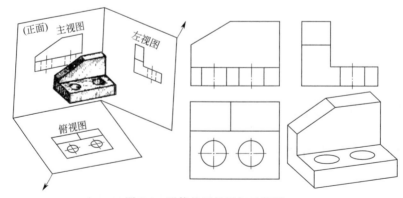

图 2-4　形体的正投影与三视图

二、视图与空间方位的对应

　　机械制造业普遍运用工程图样表达、记录空间形体的结构、尺寸，因此识图能力是造型设计的基本功。

形体的空间方位与其三视图的对应如图 2-5 所示。

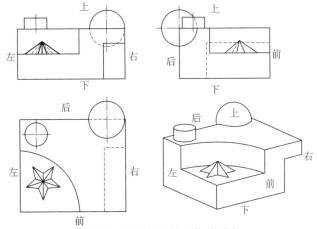

图 2-5　视图与空间方位的对应

作为空间形体，其空间方位（上下、左右、前后）一目了然。但要在工程图上熟练掌握其反映的形体方位，还需要认真梳理其在三视图上的投影规律。

由图 2-5 所示的形体，可以分辨出：五角星在左，圆球在右；五角星在前，圆球在后；五角星在下，圆球在上。

空间方位对应三视图的规律归纳如下。

主视、俯视，显左右；

主视、左视，分上下；

俯视、左视，看前后。

特别是"看前后"，它是造型设计的又一道门槛。这是业内常说的"里后外前"规律。对于复杂的形体，可以运用六个基本视图，即设立六个基本投影面，如图 2-6 所示，将形体放置在一个"方盒子"里，分别向六个面进行正投影，获得六个投影，按照国家标准规定，正面投影所在的投影面不动，其余投影面依次展平，如图 2-7 所示，分别称为主视图、俯视图、左视图、右视图、仰视图、后视图。若以主视图为中心，俯视图、左视图、右视图、仰视图四个视图中，靠近主视图的一方称为"里面"——反映的是后面，远离主视图的一方称为"外面"——反映的是前面，如图 2-8 所示。

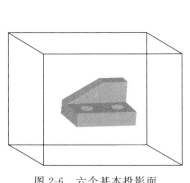

图 2-6　六个基本投影面

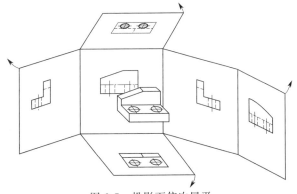

图 2-7　投影面依次展平

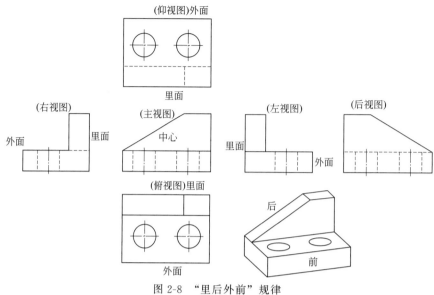

图 2-8 "里后外前"规律

三、视图中线条和线框的空间含义

看视图，想形状。落到实处，就是要分辨清楚视图中的线条和线框的空间含义。视图中线条和线框的空间含义如图 2-9 所示。

（1）视图中的线条的含义

① 视图中的线条可以表示立体上某条棱线的投影。如图 2-9 所示立体主视图中的直线 $a'b'$ 表示空间形体的左侧棱线 AB 的正面投影。

② 视图中的线条可以表示立体上某垂直面的积聚性投影。如图 2-9 所示立体主视图中的直线 $a'b'$ 还可以表示空间形体的左侧面 P 的正面投影（积聚成直线）。

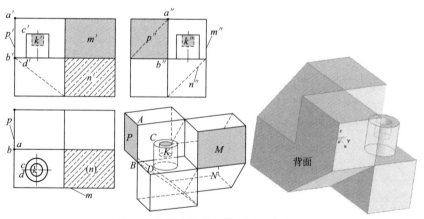

图 2-9 视图中线条和线框的空间含义

③ 视图中的线条可以表示某回转体外形轮廓线的投影。如图 2-9 所示立体主视图中的直线 $c'd'$ 表示圆柱体的左侧外形轮廓线 CD 的正面投影。

（2）视图中的线框的含义

①视图中的每个封闭线框表示一个表面（平面或曲面）的投影；如图 2-9 所示立体，主视图中的封闭线框 m' 表示立体前面的一个平面的正面投影。

②视图中的相邻线框表示不同表面（平面或曲面）的投影；如图 2-9 所示立体，主视图中的相邻的两个封闭线框 m' 和 n' 表示立体上不同位置的两个平面的正面投影（M 面是正平面，N 面是侧垂面）。

③视图中的虚线框（带有虚线）表示该表面（平面或曲面）在该投影面上的投影，不可见；如图 2-9 所示立体，主视图中的封闭线框 k'（该封闭线框中有虚线）表示该曲面的正面投影不可见。

四、造型基本元素

零部件形状千变万化，但万变不离其宗，任何复杂形状的立体，均是由简单的基本几何体组合或挖切而成。常见的基本几何体有平面体（棱柱、棱锥）和曲面体（圆柱、圆锥、球、圆环、一般回转体），如图 2-10 所示。

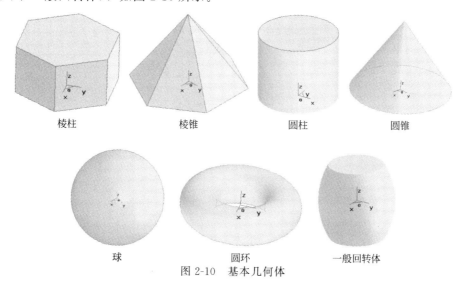

| 棱柱 | 棱锥 | 圆柱 | 圆锥 |

| 球 | 圆环 | 一般回转体 |

图 2-10　基本几何体

基本几何体的视图及尺寸如图 2-11 所示：棱柱、棱锥需要画出两个视图，标注长、宽、高三个尺寸（由于六棱柱、六棱锥宽度尺寸与其长度尺寸有几何关联，可以省略。此处标注了宽度尺寸，但要加上括号，表示为"参考尺寸"）；圆柱、圆锥需要画出一个视图，标注直径和高度两个尺寸；球体需要画出一个视图，标注直径一个尺寸，只是应在直径符号 ϕ 前面加注球面符号 S；圆环需要画出一个视图，标注两个直径尺寸；一般回转体需要画出两个视图，标注两个直径尺寸加上曲面的曲率半径 R。这是造型设计的基础，必须熟练掌握。

五、平面、直线的表达

仔细观察，零件的结构、形状都是由零件外表的线、面围成的。因此，弄清直线和平面的投影特征是造型设计的基本功。

1. 空间平面位置确定

任何复杂的平面形可以用六种方法确定其空间方位，如图 2-12 所示。

（1）不在同一直线上的三点；

（2）一直线和线外一点；

（3）两相交直线；

（4）两平行直线；

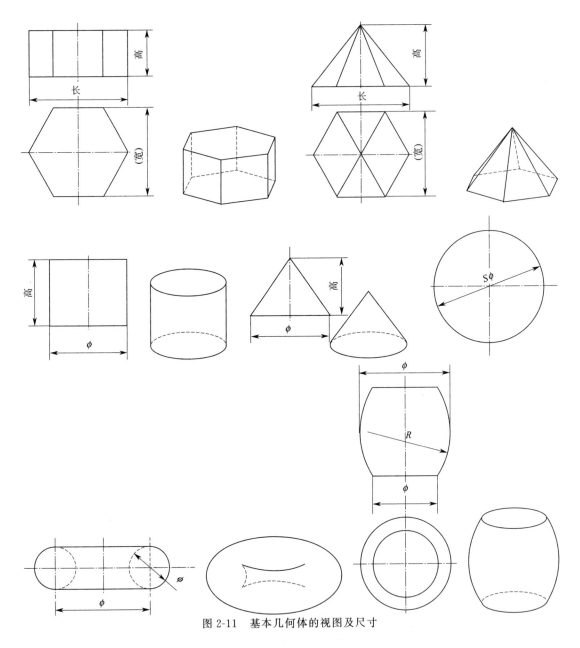

图 2-11 基本几何体的视图及尺寸

（5）任意平面形；

（6）空间平面迹线——空间平面与投影面的交线。

2. 三种位置平面投影特征

空间平面形尽管千变万化，但相对于三个基本投影面的位置只有三种，如图 2-13 所示。

（1）投影面的平行面——与一个投影面平行，必然与其余投影面垂直。

① 正平面：与正面投影面平行，必然与其余投影面垂直（平行于 V 面，必然垂直于 H、W 面）。

例如：K 平面平行于 V 面，必然垂直于 H、W 面。

② 水平面：与水平投影面平行，必然与其余投影面垂直（平行于 H 面，必然垂直于 V、W 面）。

例如：Q 平面平行于 H 面，必然垂直于 V、W 面。

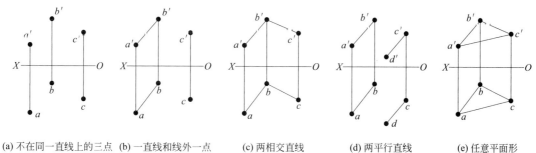

(a) 不在同一直线上的三点　(b) 一直线和线外一点　　(c) 两相交直线　　(d) 两平行直线　　(e) 任意平面形

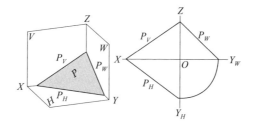

(f) 空间平面迹线

图 2-12　确定平面位置的六种方法

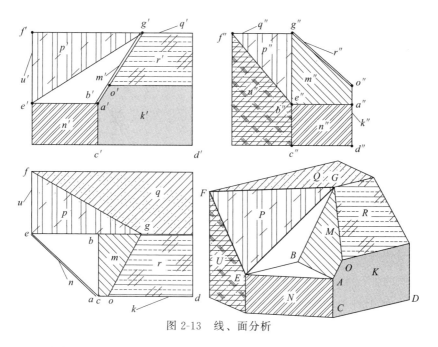

图 2-13　线、面分析

③ 侧平面：与侧面投影面平行，必然与其余投影面垂直（平行于 W 面，必然垂直于 H、V 面）。

例如：U 平面平行于 W 面，必然垂直于 H、V 面。

* 投影面的平行面投影特征：一框对应两正线。

［如：U 面的 W 投影为反映实形的线框，H、V 面投影积聚成正线（与投影轴平行的线）］。

（2）投影面的垂直面——与一个投影面垂直，但是与其余投影面倾斜。

① 正垂面：与正面投影面垂直，但是与其余投影面倾斜（垂直于 V 面，但是与 H、W 面倾斜）。

例如：M 平面垂直于 V 面，但是与 H、W 面倾斜。

② 铅垂面：与水平投影面垂直，但是与其余投影面倾斜（垂直于 H 面，但是与 V、W 面倾斜）。

例如：Q 平面垂直于 H 面，但是与 V、W 面倾斜。

③ 侧垂面：与侧面投影面垂直，但是与其余投影面倾斜（垂直于 W 面，但是与 H、V 面倾斜）。

例如：R 平面垂直于 W 面，但是与 H、V 面倾斜。

* 投影面的垂直面投影特征：一斜对应两线框。

（如：R 面的 W 面投影积聚成斜线，H、V 面投影为边数相同的类似线框）。

（3）一般位置平面——与所有投影面都倾斜。

例如：P 平面与 V、H、W 面倾斜。

* 一般位置平面投影特征：三框类似边不变。

（如：P 面的三个投影均为边数相同的类似形）。

3. 三种位置直线投影特征

零件上相邻表面的交线称为棱线，过两点只能引一条唯一的直线。直线上任意两点之间的部分称为线段。

空间直线相对于投影面的位置只有以下三种情况。

（1）一般位置直线——与三个投影面都倾斜，如图 2-14 所示。

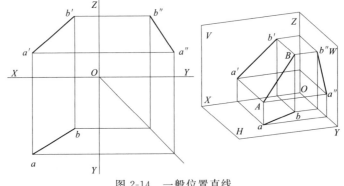

图 2-14　一般位置直线

* 一般位置直线投影特征：三斜长度都变短。

（2）投影面的平行线——仅平行于一个投影面，而倾斜于其余投影面。

① 正平线：仅平行于正面投影面，而倾斜于其余投影面，如图 2-15 所示。

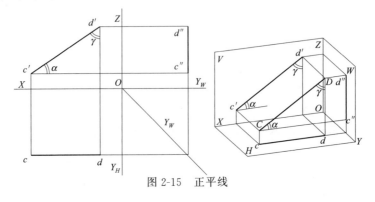

图 2-15　正平线

② 水平线：仅平行于水平投影面，而倾斜于其余投影面，如图 2-16 所示。

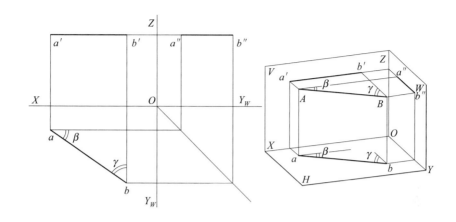

图 2-16　水平线

③ 侧平线：仅平行于侧面投影面，而倾斜于其余投影面，如图 2-17 所示。

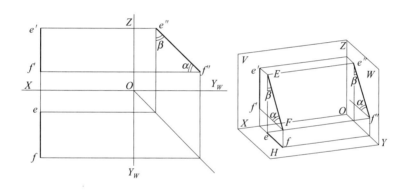

图 2-17　侧平线

* 投影面的平行线投影特征：一斜对应两正线。

（3）投影面的垂直线——垂直于一个投影面，而必然平行于其余投影面。

① 正垂线：垂直于正面投影面，而必然平行于其余投影面，如图 2-18 所示。

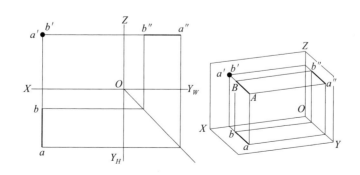

图 2-18　正垂线

② 铅垂线：垂直于水平投影面，而必然平行于其余投影面，如图 2-19 所示。

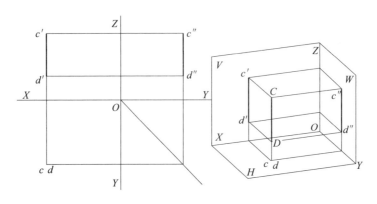

图 2-19 铅垂线

③ 侧垂线：垂直于侧面投影面，而必然平行于其余投影面，如图 2-20 所示。

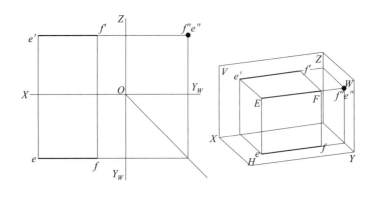

图 2-20 侧垂线

＊ 投影面的垂直线投影特征：一点对应两正线。

【例题】试分析图 2-13 中的四条线段 EG、EF、FG、GO，各为什么位置直线？

【答案】

EG 为正平线，投影特征：正面投影 $e'g'$ 为斜线，水平投影 eg、侧面投影 $e''g''$ 为正线；

EF 为侧平线，侧面投影 $e''f''$ 为斜线，水平投影 eg、正面投影 $e'f'$ 为正线；

FG 为水平线，水平投影 eg 为斜线，正面投影 $e'g'$、侧面投影 $e''g''$ 为正线；

GO 为一般线，其正面投影 $g'o'$、水平投影 go、侧面投影 $g''o''$ 均为斜线。

第二节 造型设计的实质和禁忌

一、造型设计的实质

把视图中的相邻线框想象成不同表面，这是造型设计的实质。

1. 区分表面的平曲、凸凹、正斜

如图 2-21 所示，根据题设主视图为"田字形"，想象组成不同表面的立体。

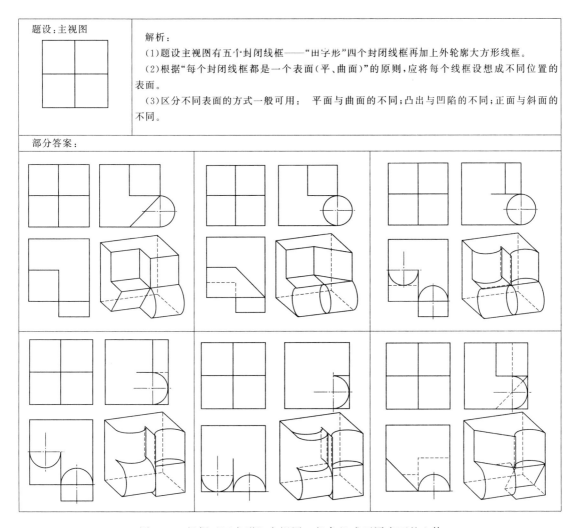

图 2-21　根据"田字形"主视图，想象组成不同表面的立体

2. 提高"变通度"

造型设计若仅靠简单体的叠加，即便想象出的数量再多，也只能停留在低级水平，谈不上什么创新。例如，根据图 2-21 题设"田字形"主视图，想象成图 2-22 所示的叠加体，就无缘创新。

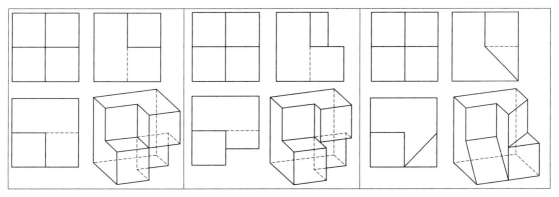

图 2-22　无缘创新的叠加体

3. 提高 "新颖度"

构思出独特、新颖的形体，是创新的宗旨，这要靠知识的累积和灵感的火花。知识可以传授，灵感要靠在基础知识之上的"臆想""碰撞""摩擦"。如果由图 2-21 所示的题设"田字形"主视图，想象成如图 2-23 所示的形体，就具有了新意。

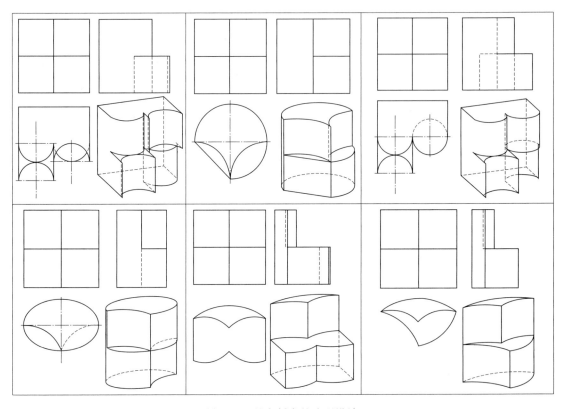

图 2-23　具有创意的造型设计

再如：根据图 2-24 所示的主视图（"方中圆"形），想象组成不同表面的立体。

题设：主视图	空间解析：
	（1）题设主视图有六个封闭线框——"方中圆"五个封闭线框（四个边角加中间圆）再加上外轮廓大方形线框。
	（2）根据"每个封闭线框都是一个表面（平、曲面）"的原则，应将每个线框设想成不同位置的表面。
	（3）区分不同表面的方式一般可用：平面与曲面的不同；凸出与凹陷的不同；正面与斜面的不同。

部分答案

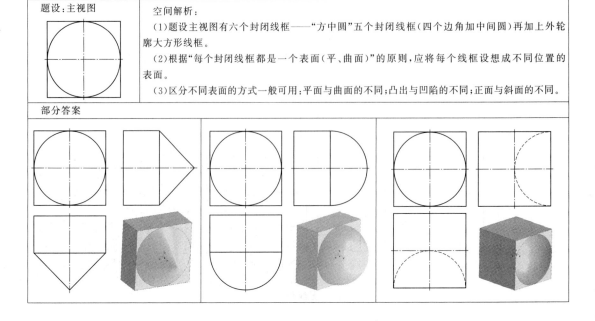

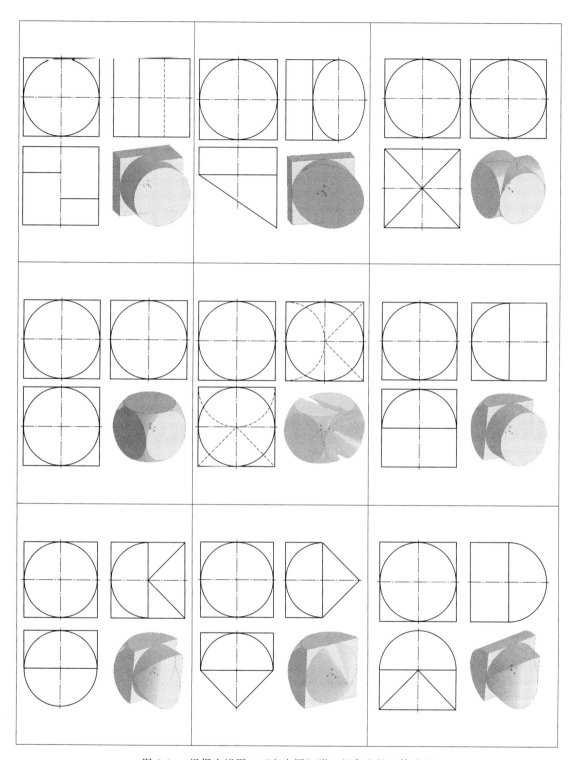

图 2-24 根据主视图（"方中圆"形）想象出的立体造型

　　显然，以上两例（图 2-21 和图 2-24）的答案有很多。造型设计不仅要"求数量"，还要"求质量"，而创意造型的真谛是独特、新颖。

　　再如图 2-25 所示，根据题设的主、俯视图及尺寸，补画左视图，想象组成不同表面的立体，进行三维建模。

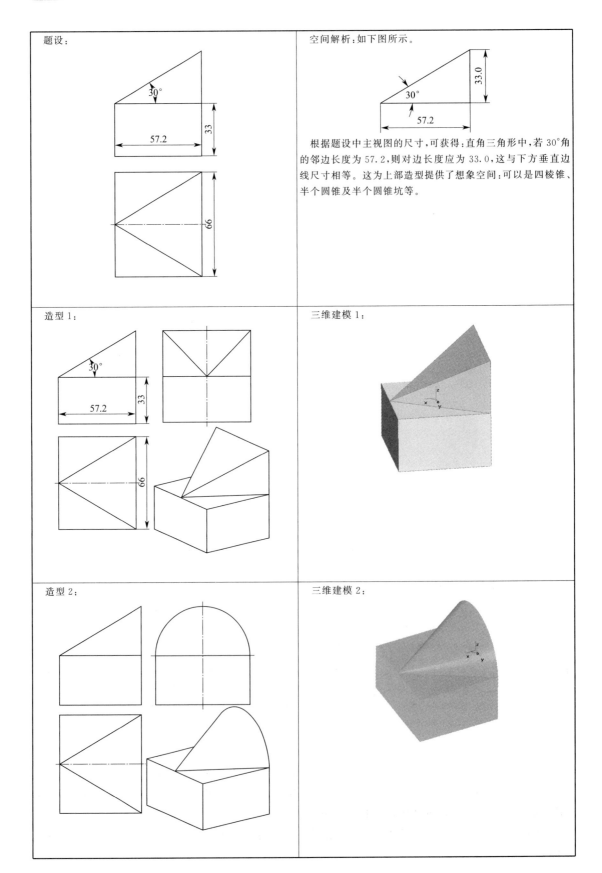

题设：

空间解析：如下图所示。

根据题设中主视图的尺寸，可获得：直角三角形中，若30°角的邻边长度为57.2，则对边长度应为33.0，这与下方垂直边线尺寸相等。这为上部造型提供了想象空间：可以是四棱锥、半个圆锥及半个圆锥坑等。

造型1：

三维建模1：

造型2：

三维建模2：

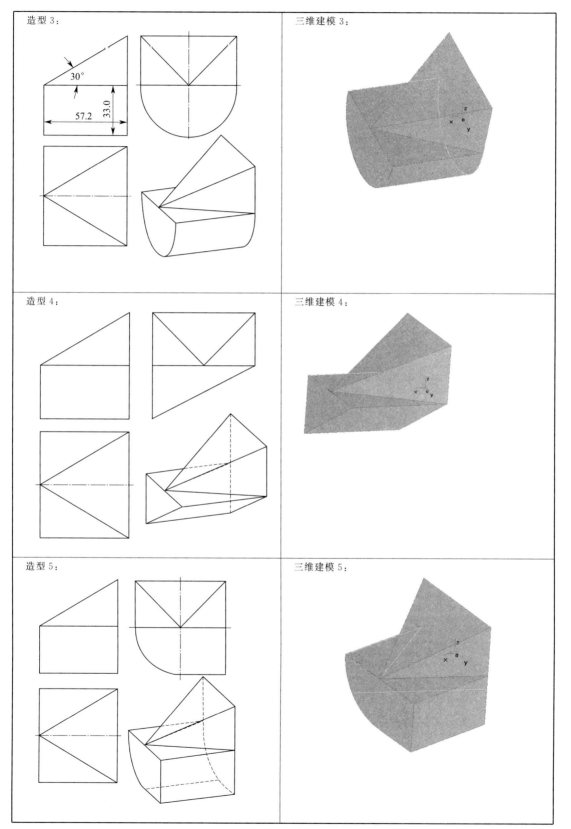

造型 3：　　　　　　　　三维建模 3：

造型 4：　　　　　　　　三维建模 4：

造型 5：　　　　　　　　三维建模 5：

图 2-25

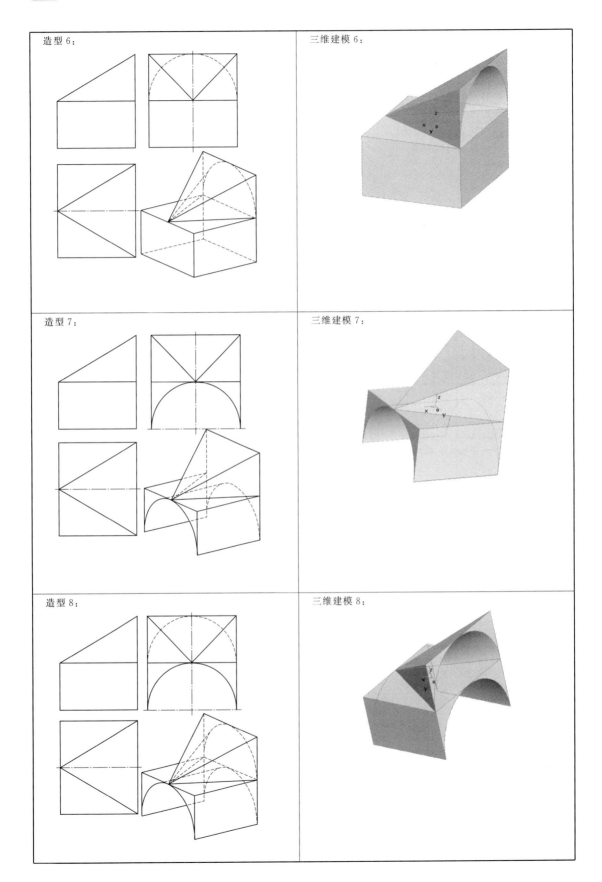

造型6：

三维建模6：

造型7：

三维建模7：

造型8：

三维建模8：

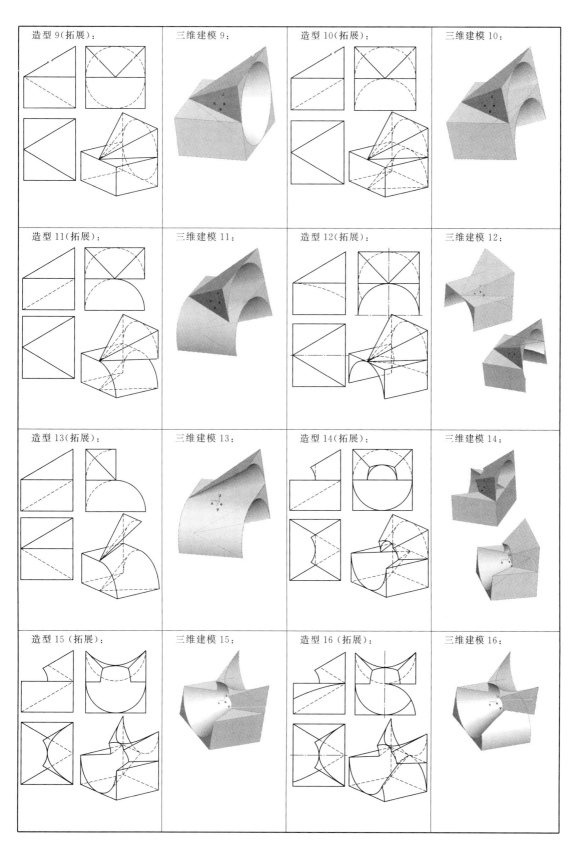

图 2-25 根据两个视图，想象不同立体造型

造型 1～8 是完全符合题设的三维建模，而造型 9～16 为联想、创意类的三维建模。

二、造型设计的禁忌

机械零部件造型设计，首要考虑的是其稳固性，各个相连部分应当结合牢固，显然，仅靠一个"点"、一条"线"的连接难以胜任。

（1）立体之间不能以"点"连接，如图 2-26 所示。

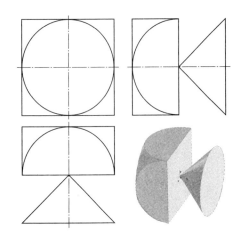

图 2-26　立体间以"点"连接

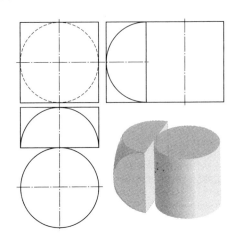

图 2-27　立体间以"线"连接

（2）立体之间不能以"线"连接，如图 2-27 所示。

第三节　巧妙操作三维建模

三维建模软件众多，操作简捷的，有我国拥有自主产权的 CAXA 软件，它顺应国际标准 ISO 设置三个坐标面（XY、XZ、YZ），如图 2-28 所示：XY——水平面、XZ——正面、YZ——侧面。为适应复杂零件造型需要，软件还设置了七个构造基准面，分别是："等距面""角度面""曲面的切平面""垂直于曲线的平面""平行面""直线与线外一点定面""三点定面"，如图 2-29 所示。造型过程是由平面【草图】开始，通过【拉伸增料】【拉伸除料】【旋转增料】【环形阵列】等手段，迅速建模，并可无缝输出成工程图纸。下面举例（如图 2-30 所示零件）说明造型流程。如表 2-1 所示为该零件三维建模的主要流程。

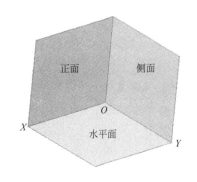

图 2-28　三个坐标面

图 2-29　构造基准面

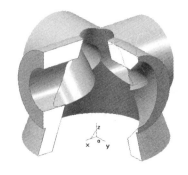

图 2-30　零件

表 2-1　三维建模主要流程

流程	选择××基准面,绘制【草图】	造型手段	三维建模——成果
1. 圆锥台造型	选择 XY 基准面,绘制【草图】φ66 圆	【拉伸增料】30,添加【拔模斜度】20°	形成圆锥台
2. 顶部圆筒造型	选择 XZ 基准面,绘制【草图】同心圆 φ36、φ20	双向【拉伸增料】60	形成顶部圆筒
3. 二圆筒正贯造型	点击基体(圆锥)主轴线	选定顶部圆筒,绕主轴线【环形阵列】2 个、阵列角 90°	形成顶部二水平圆筒正贯
4. 圆锥孔造型	选择 XY 基准面,绘制【草图】φ50 圆	【拉伸除料】50,添加【拔模斜度】20°	形成上下贯通的圆锥孔
5. 倾斜两圆孔造型	选择【构造基准面】中的"角度面",点击 XY 基准面和水平轴线,选择 45°,形成与 XY 基准面倾斜 45°的"构造基准面"	绘制【草图】Φ22 圆,【拉伸除料】点击【贯穿】;再绕竖直轴线【环形阵列】2 个、阵列角 180°	生成与水平平面倾斜 45°的前后两个圆孔(与前后平面截交成椭圆)

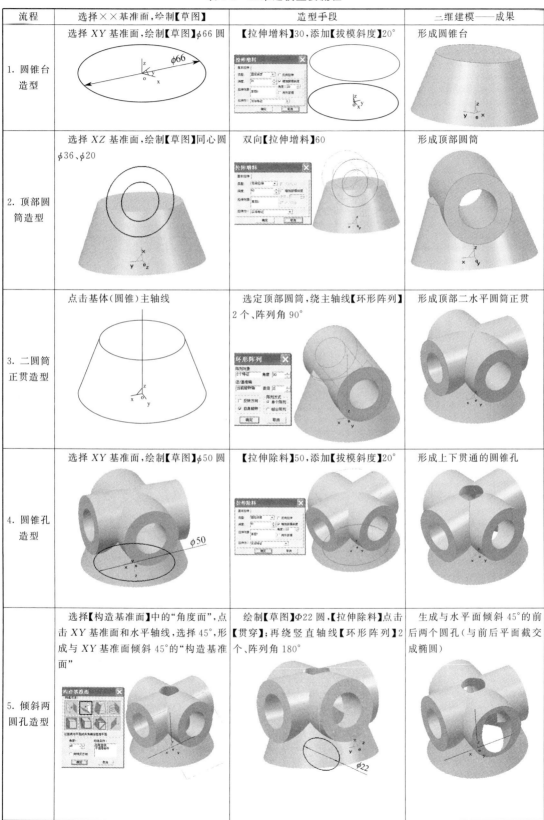

续表

流程	选择××基准面,绘制【草图】	造型手段	三维建模——成果
6. 假想剖切	选择 XY 基准面,绘制【草图】矩形(包含左前方 1/4)	【拉伸除料】点击【贯穿】	为生成剖视工程图纸,假想剖切掉左前方 1/4(便于观察内部结构)
7. 生成二维工程图	无缝生成二维工程图纸(此处为清楚显示零件形状、结构,省略了尺寸、技术要求)			

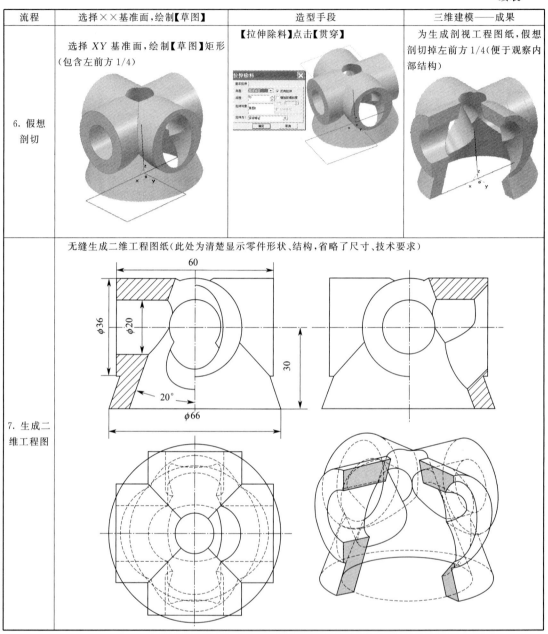

第三章

03 Chapter

基本体挖切创意造型

第一节 棱柱挖切创意

→ 预备知识

　　n 棱柱（顶、底两面平行）有 $n+2$ 个面，被截切出的截交线组成了平面 k 边形（k 为 $3\sim n+2$），截断面中至少有两条边平行。

　　例如：正五棱柱有七个面（5＋2），其截断面可有三角形、四边形、五边形、六边形（见图 3-1）、七边形。

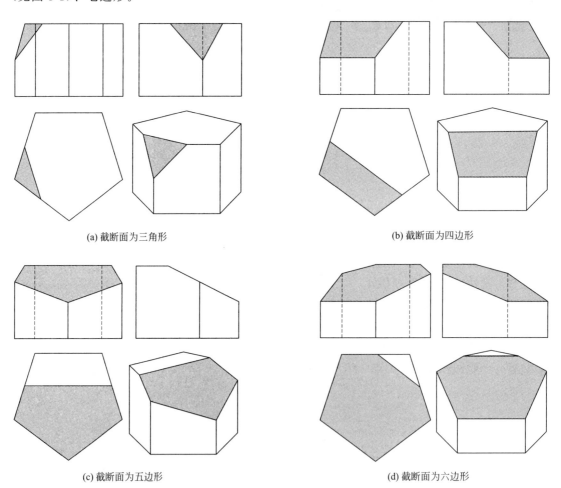

(a) 截断面为三角形　　　　　　　　　　　　(b) 截断面为四边形

(c) 截断面为五边形　　　　　　　　　　　　(d) 截断面为六边形

图 3-1　七面体的截断面

　　正五棱柱（七面体）的截断面为七边形的实例如下。

　　【例 3-1】通过正五棱柱（边长 48、高 50）上的 A、B、C 三点（正面投影为 a'、b'、c'；水平投影为 a、b、c）截切，求出截断面的实形，补画主、俯、左视图，进行三维建模。

→ 背景

　　造型设计时，为了获得需要的断面边数、形状，必须预先设定剪切面的位置。本例运用"三点定面"原理，按要求设定了 A、B、C 三点（距离相关的三个顶点等距 12），确保可以截切出七边形断面。

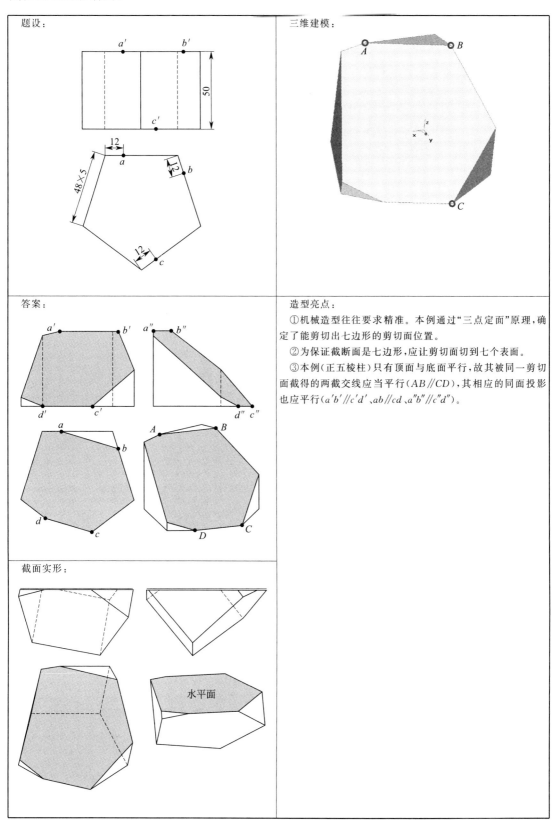

题设：

三维建模：

答案：

截面实形：

造型亮点：

①机械造型往往要求精准。本例通过"三点定面"原理，确定了能剪切出七边形的剪切面位置。

②为保证截断面是七边形，应让剪切面切到七个表面。

③本例（正五棱柱）只有顶面与底面平行，故其被同一剪切面截得的两截交线应当平行（$AB /\!/ CD$），其相应的同面投影也应平行（$a'b' /\!/ c'd'$、$ab /\!/ cd$、$a''b'' /\!/ c''d''$）。

水平面

续表

空间解析：

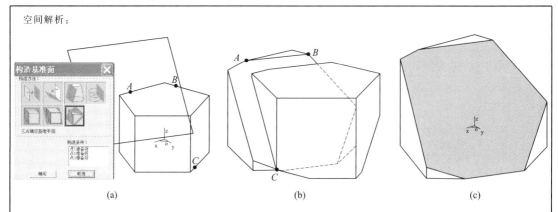

(a)   (b)   (c)

①如图(a)所示，通过正五棱柱上的 A、B、C 三点，确定了剪切面的位置。

②如图(b)所示，可以看出截切出的断面为七边形。

③如图(c)所示，截切出的七边形断面，处于一般面位置：即一般位置平面，与三个投影面都倾斜。

造型流程：

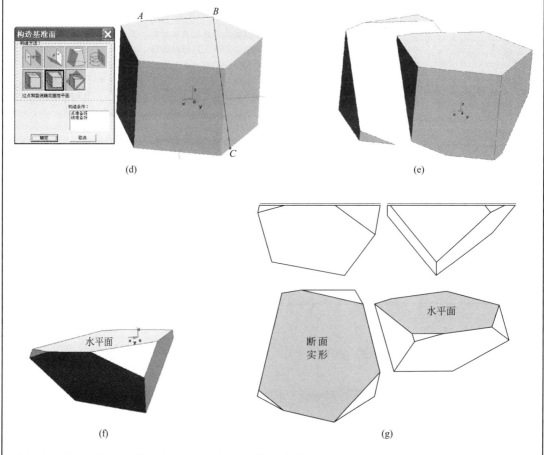

(d)   (e)

(f)   (g)

①如图(d)所示，通过正五棱柱上的 A、B、C 三点，确定剪切面的位置。

②如图(e)所示，截切后获得七边形断面。

③如图(f)所示，将断面位置变换成平行面(本例变换成水平面)位置。

④如图(g)所示，获得了断面的实形投影。

【例 3-2】过正三棱柱（顶、底面为边长 66 的等边三角形、高为 50）上的 A、B、C 三点（见图中尺寸）截切，求出断面实形，补全主、俯、左三视图，进行二维建模。

→ **背景**

造型设计时，为了获得需要的截面边数、形状，必须预先设定剪切面的位置。本例运用"三点定面"原理，按要求设定了 A、B、C 三点（见图中尺寸），确保可以在正三棱柱上截切出五边形断面。

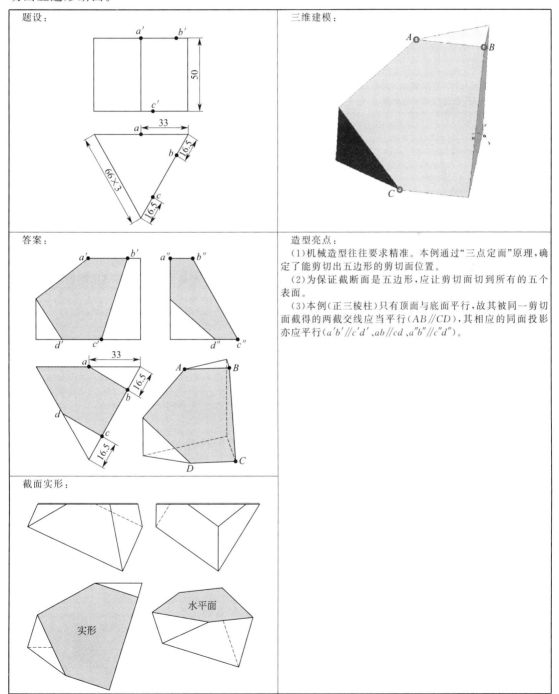

造型亮点：

（1）机械造型往往要求精准。本例通过"三点定面"原理，确定了能剪切出五边形的剪切面位置。

（2）为保证截断面是五边形，应让剪切面切到所有的五个表面。

（3）本例（正三棱柱）只有顶面与底面平行，故其被同一剪切面截得的两截交线应当平行（$AB /\!/ CD$)，其相应的同面投影亦应平行（$a'b' /\!/ c'd'$、$ab /\!/ cd$、$a''b'' /\!/ c''d''$）。

续表

空间解析：

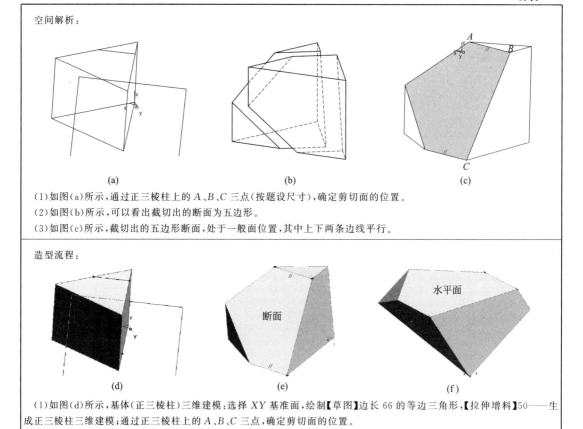

(a)   (b)   (c)

(1)如图(a)所示，通过正三棱柱上的 A、B、C 三点(按题设尺寸)，确定剪切面的位置。

(2)如图(b)所示，可以看出截切出的断面为五边形。

(3)如图(c)所示，截切出的五边形断面，处于一般面位置，其中上下两条边线平行。

造型流程：

(d)   断面 (e)   水平面 (f)

(1)如图(d)所示，基体(正三棱柱)三维建模：选择 XY 基准面，绘制【草图】边长 66 的等边三角形，【拉伸增料】50——生成正三棱柱三维建模；通过正三棱柱上的 A、B、C 三点，确定剪切面的位置。

(2)如图(e)所示，选择过 A、B、C 三点确定的【构造基准面】，截切后获得五边形断面，其中上下两条边线平行。

(3)如图(f)所示，将断面位置变换成平行面(本例变换成水平面)，以便获得断面实形。

【例 3-3】 在边长 66 的正方体上截切出正六边形断面，补画相应的主、俯、左视图，求截面实形，并进行三维建模。

➡ 背景

正方体的六个表面均是全等正方形，要截得正六边形断面，必须一刀切过六个表面，且必须让剪切面通过各边的中点。

题设：主、俯视图(包括尺寸)   三维建模：

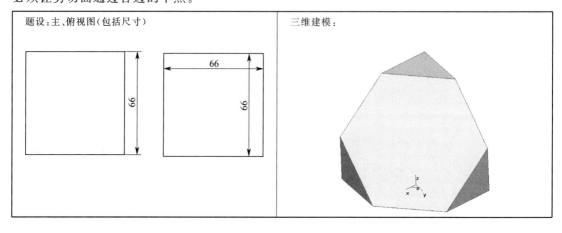

续表

答案：

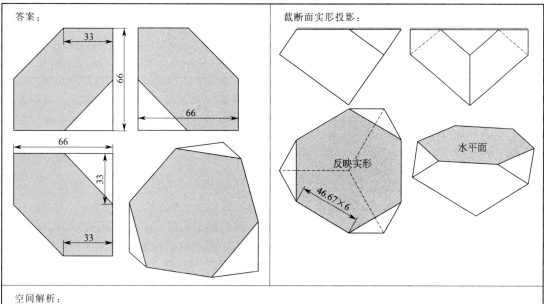

截断面实形投影：

46.67×6

反映实形

水平面

空间解析：

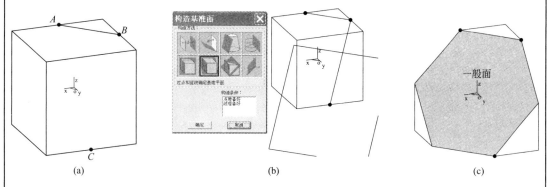

(a)　　　　　　　　(b)　　　　　　　　(c)

一般面

(1) 如图(a)所示，基体为边长 66 的正方体，选择正方体相应面(本例选择了顶面和底面)边线的三个中点 A、B、C。

(2) 如图(b)所示，通过 A、B、C 三点生成的【构造基准面】，确定剪切面的位置。

(3) 如图(c)所示，截切出的正六边形为一般面。为获得断面实形，需要变换成平行面，以得到实形投影。

造型流程：

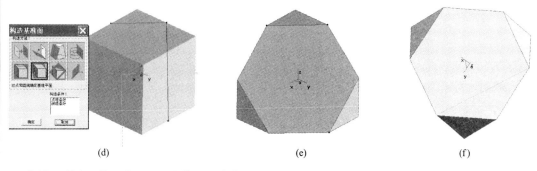

(d)　　　　　　　　(e)　　　　　　　　(f)

(1) 如图(d)所示，基体(边长 66 的正方体)三维建模：选择 XY 基准面，绘制【草图】66×66 的正方形，【拉伸增料】66——生成边长 66 的正方体三维建模；取相应边上的三个中点 A、B、C 生成【构造基准面】——确定截切面的位置。

(2) 如图(e)所示，过 A、B、C 三点生成的【构造基准面】，确定剪切面位置，截切后，获得正六边形断面。

(3) 如图(f)所示，由于正六边形断面处于一般面位置，需要将其变换成平行面(本例变换成水平面)，以获得实形投影——边长 46.67 的正六边形。

续表

造型亮点：
(1)正方体的六个表面均是平行面,其中点的连线均为"平行线"。
(2)要在方体上截得正六边形,只能通过三条边线的中点定面——"三点定面"原理。
(3)在同一表面上,两条边线的中点连线是平行线,其相应投影反映实长。

【例3-4】根据边长66的正六面体被截切后的俯视图（包括尺寸）进行造型设计（补画相应的主、左视图），要求阴影的三角形截面实形为边长33的正三角形，并进行三维建模。

→ 背景

造型设计时，要把视图中的相邻线框设计成不同的表面；视图中，看似一条直线，只要穿过不同线框，那就是折线（例如：视图中心的横、竖两"直线"）。

造型设计中，遇到立体截切时，往往是先确定剪切面的位置，而不明确截切出的截面形状及尺寸。本例是按照所需的截面形状、尺寸，再选择剪切面的精准位置。

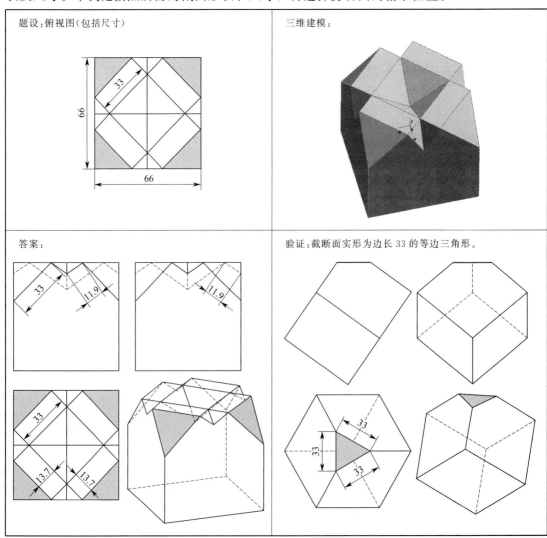

续表

空间解析：

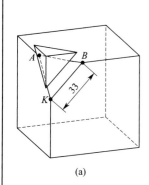

(a)

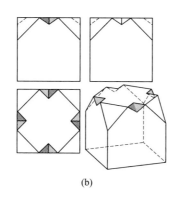

(b)

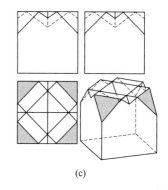

(c)

(1)本例，俯视图形，上下、左右对称，外部是一个 66×66 的正方形线框，内部共有 20 个封闭线框。造型设计时要把相邻线框构思出不同的表面。

(2)如图(a)所示，若要切得边长为 33 的等边三角形，就需要确定剪切线的位置(即 A、B、K 三点)；由于被截切的三个面均与投影面平行，故三条边线 AB＝BK＝AK，且其相应投影反映实长。

(3)若能确定 A、B、K 三点，便可确定截切面的精确位置。

(4)如图(b)所示，题设俯视图中，横、竖两条在中心垂直相交的"直线"，由于各穿过四个封闭线框，因此绝不是直线，而是四段折线的投影。横、竖两条折线的最外段，可设计成与水平面倾斜 45°的两个三角形截面的交线。

(5)如图(c)所示，横、竖两条折线的中间段，可设计成与水平面倾斜 45°的四个三角形截面的交线。

造型流程：

(一)类似比例法

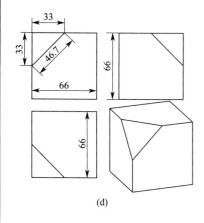

(d)

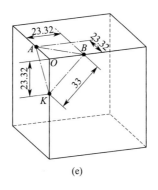

(e)

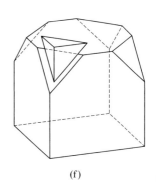

(f)

(1)如图(d)所示，先作一边长 66 的正六面体，过三条相邻边线的中点，截切出一等边三角形，输出成二维视图，可获得相关边线的尺寸：截交线长 46.7、直角边长 33。

(2)如图(e)所示，以截交线长度 33/46.7，获得线段的固定比例为：33：46.7＝0.707。将图中的 33×0.707＝23.32。在原正六面体的相邻三条边线上作等距线(23.32)，获得三点(A、B、K)，可以确定剪切面的精准位置——截切后，可获得边长 33 的正三角形。

(3)如图(f)所示，【环形阵列】4 个，完成 4 个切角。

(4)位于俯视图中心的横、竖两条折线，可按图(b)和图(c)进行造型设计。

(二)图解法

续表

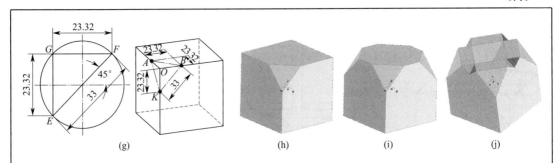

(1)如图(g)所示,由于截交线 BK 是正平线,且与水平线倾斜 45°,其正面投影反映实长 33;OB 与 OK 垂直;以 $\phi 33$ 画一辅助圆,取 45°直径 EF 为直角三角形的斜边,过斜边的两个端点 E、F 分别作垂直线和水平线,得交点 G,测量 EG 和 FG 的尺寸为 23.32。

(2)如图(h)所示,在边长 66 的正方体上,按 23.32 量得 A、B、K 三点,确定剪切面位置。剪切后,可获得所需的截交线(边长 33 的等边三角形)。

(3)如图(i)所示,【环形阵列】4 个,完成 4 个切角。

(4)位于俯视图中心的横、竖两条折线,可按图(j)进行造型设计。

造型亮点:

(1)机械造型往往要求精准。本例看似简单,其实蕴含着"线、面分析"。通常,一般会先确定剪切面的位置,而不能预知截断面的精准形状尺寸。

(2)本例是按照给定的断面形状及尺寸,逆向推理出剪切面的精准位置(这有时会成为设计造型的棘手问题)。

(3)本例巧妙地运用了剪切面与三个被剪切面的特殊位置特征:三个被剪切面分别为正平面、水平面和侧平面;剪切面虽然是一般位置平面,但产生的三条截交线都是平行线(正平线、水平线和侧平线)。

(4)三条截交线均与相应的坐标轴倾斜 45°,且反映实长(33)。

(5)位于俯视图中心的横、竖两条"直线",各穿过了四个线框——说明不是一条直线,而是四段折线的重叠投影。

(6)俯视图外形是一个 66×66 的正方形线框,内部前后、左右对称,共有 20 个封闭线框,造型设计时要把相邻线框构思出不同的表面。

【例 3-5】 题设为边长 66 的正方体主、俯视图,通过两棱边上的 A、B 两点(距离相应顶点 22)截切出六边形,使 AC 边长 50,补画相应的主、俯、左视图,进行三维建模,求出断面实形。

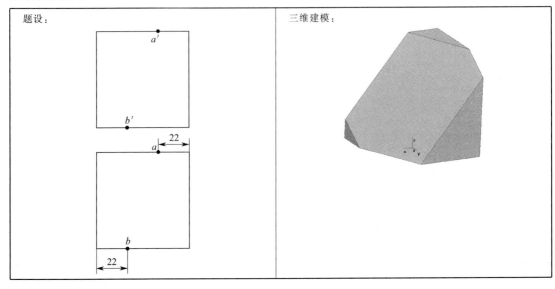

续表

答案：

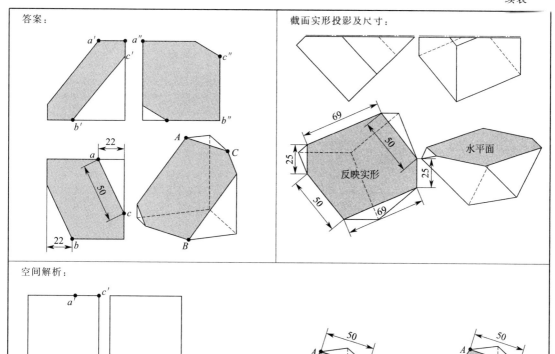

截面实形投影及尺寸：

水平面

反映实形

空间解析：

（a）　　　　　　　（b）　　　　　　　（c）

（1）如图（a）所示，以已知点 A 为圆心，以半径 50 画圆弧，与侧边交于 C 点，AC 线和线外的 B 点可以确定截切面的位置。

（2）如图（b）所示，过 AC 线和线外的 B 点确定的截切面，截切。

（3）如图（c）所示，获得六边形断面，且其中的 AC 边长 50；若把断面位置变换成平行面，即可获得断面实形投影。

造型流程：

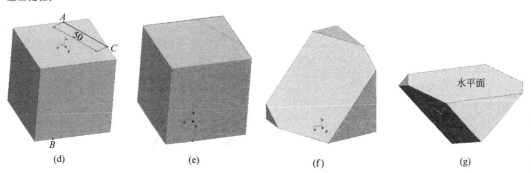

水平面

（d）　　　　　　　（e）　　　　　　　（f）　　　　　　　（g）

（1）如图（d）所示正方体（边长 66）三维造型：选择 XY 基准面，绘制【草图】边长 66 的正方形，【拉伸增料】66——生成正方体三维建模；在相应边上，按尺寸找出 A、B、C 三点。

（2）如图（e）所示，过 A、B、C 三点生成【构造基准面】——确定截切面位置。

（3）如图（f）所示，截切后，获得六边形截面。

（4）如图（g）所示，将截切面变换成水平面位置，其水平投影便能反映实形。

造型亮点：

(1)众所周知,两个点是不能确定平面位置的,但若增加一个约束条件(断面的一条边 AC 长 50),则成了"直线和线外一点"确定平面的原则。

(2)AC 线在顶面(水平面)上,其水平投影反映实长(50)——可以确定 C 点位置。

六边形断面虽然处于一般位置,其投影不反映实形,但其六条边线是相应投影面的平行线——两两平行、相等,且相应投影反映实长。

【例 3-6】已知立体的主、俯视图，补画左视图，进行三维建模，求出阴影断面实形。

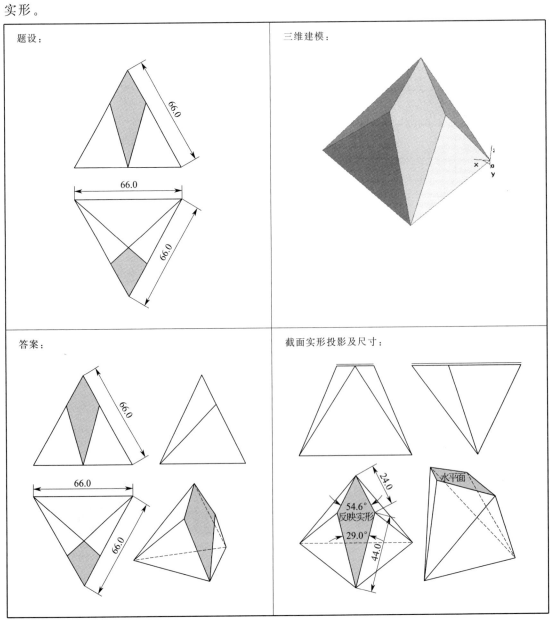

续表

空间解析:如下图所示。

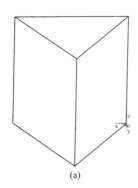 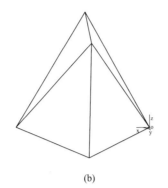 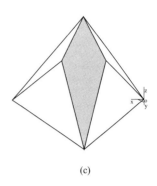

(a) (b) (c)

(1)如图(a)所示,本例基体为正三棱柱(底面为边长66的等边三角形)。

(2)如图(b)所示为使立体的主视图外轮廓呈边长66的等边三角形,需要斜切两刀,镂空出。

(3)如图(c)所示,获得六边形断面,且其中的 AC 边长50;若把断面位置变换成平行面,即可获得断面实形投影。

造型流程:

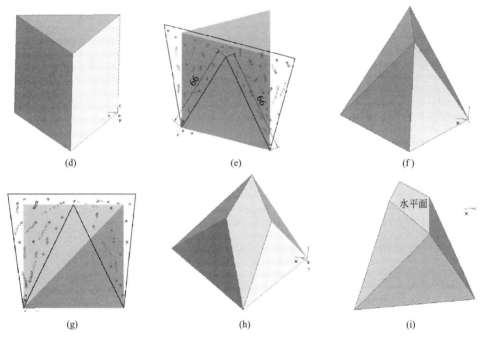

(d) (e) (f)

(g) (h) (i)

(1)如图(d)所示,基体(边长66的正三棱柱)三维造型:选择 XY 基准面,绘制【草图】边长66的等边三角形,【拉伸增料】66——生成正三棱柱三维建模。

(2)选择 XZ 基准面,绘制【草图】如图(e)所示,确保能镂空出边长66的等边三角形。

(3)如图(f)所示,【拉伸除料】点击【贯穿】——生成切去左、右及上部边角的实体(保证其主视图外轮廓呈边长66的等边三角形)。

(4)选择 YZ 基准面,绘制【草图】如图(g)所示,确保能镂空出中部的等腰三角形。

(5)如图(h)所示,【拉伸除料】点击【贯穿】——生成切去左、右及上部边角的实体(保证其左视图外轮廓呈等腰三角形)。

(6)如图(i)所示,将倾斜的阴影断面变换成水平面位置,其水平投影可以反映实形。

造型亮点:

(1)立体的主、俯、左三视图的外轮廓均为三角形,但并非棱锥。

(2)立体的主、俯两视图的外轮廓为反向、全等的等边三角形。

(3)立体由7个面围成,其中底面与后侧面是相同的等边三角形,左右两侧各有两对三角形平面对称相等。

【**例 3-7**】根据正六棱柱（所有边长 44）的主、俯视图，补画左视图，进行三维建模，求出阴影断面（五边形）实形。

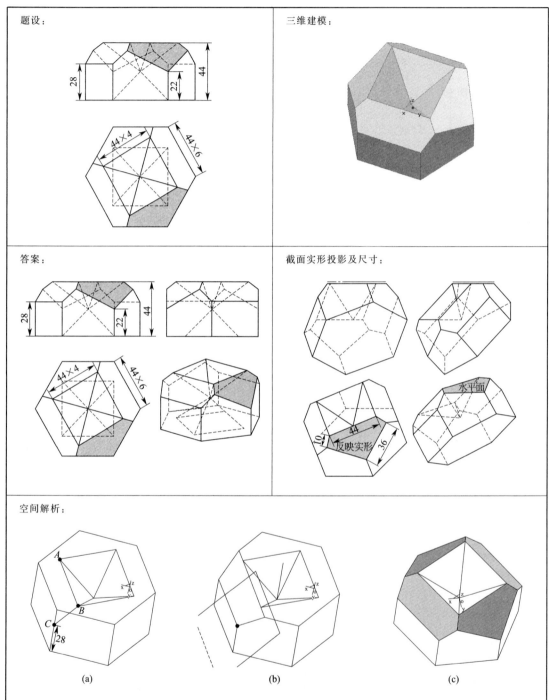

（1）如图（a）所示，进行所有边长 44 的正六棱柱三维建模，按题意，在正六棱柱的顶、底面挖边长 44、斜度 45°的四棱锥坑，选择顶面上四边形的一边 AB 和相应竖棱上高 28 的一点 C，确定截切面位置。

（2）如图（b）所示，过 AB 线和线外的 C 点确定的截切面，截切获得梯形断面。

（3）如图（c）所示，以中轴线【环形阵列】4 个，获得两个六边形断面和两个五边形断面；若把断面位置变换成平行面，即可获得断面实形投影。

续表

造型流程：

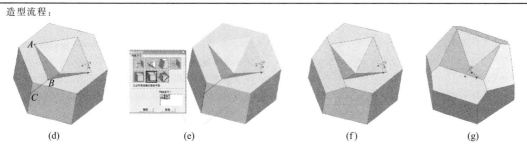

(d)　　　　　　　　(e)　　　　　　　　(f)　　　　　　　　(g)

(1)如图(d)所示,正六棱柱(所有边长 44)三维建模:选择 *XY* 基准面,绘制【草图】边长 44 的正六边形,【拉伸增料】44——生成正六棱柱(所有边长 44)三维建模;中部四棱锥坑三维建模:选择正六棱柱顶面为基准面,绘制【草图】44×44 的正方形,【拉伸除料】30,添加【拔模斜度】45°——生成中部四棱锥坑三维建模。按题设尺寸,在相应边上,找出 *A*、*B*、*C* 三点。

(2)如图(e)所示,过 *AB* 直线和 *C* 点生成【构造基准面】——确定截切面位置。

(3)如图(f)所示,截切后,获得梯形截面。

(4)如图(g)所示,绕中轴线【环形阵列】4 个,阵列角 90°,获得两个六边形断面和两个五边形断面;若把断面位置变换成平行面,即可获得断面实形投影。

造型亮点：

(1)过已知 *A*、*B*、*C* 三点截切,获得的断面为四边梯形,如图(b)所示;可当绕中轴【环形阵列】4 个时,成为两个六边形和两个五边形,如图(c)所示。

(2)正六棱柱中间的四棱锥坑,深 22 正好等于顶面边长 44 的一半,可证明斜度是 45°。

(3)俯视图中间正方形(44×44)的对角线及其延长线,虽然投影为一条"直线",但实则为四段折线,如下图所示。

【例 3-8】画出棱边长 33 的正十二面体的主、俯、左视图,进行三维建模。

→ 背景

正多面体的特点如下。

(1) 正多面体的面由正多边形构成;

(2) 正多面体的各个顶角相等;

(3) 正多面体的各条棱边相等。

这三个条件都必须同时满足,否则就不是正多面体。

题设：　　　　　　　　　　　　　　　　　三维建模：

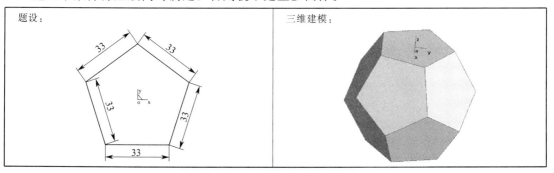

续表

答案：

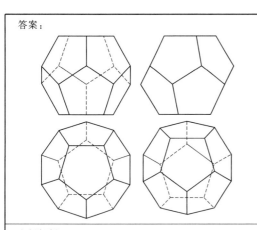

造型亮点：

（1）正十二面体各顶面角相等，为 $116°34'$。

（2）设想用十二个边长为 33 的正五棱柱，按相同的两面角（$116°34'$）拼接而成。

（3）由图解可知，用十二个边长 33 的正五边形，围成的正十二面体的外接球直径为 $S\phi90.85$，可用此球体截切十二刀——减材造型。

（4）由图解可知，边长 33 的正五边形的外接圆直径为 $\phi56.14$，可确定截切面位置距离水平中心线 35.71——截切出第一个截断圆面。

（5）再按相同的两面角 $116°34'$，依次截切出所有十二个面（正五边形）——完成造型。

空间解析 1：

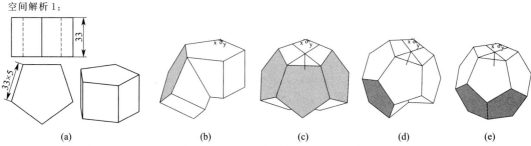

(a)　　　　　　(b)　　　　　　(c)　　　　　　(d)　　　　　　(e)

（1）正十二面体的每个面都是正五边形，各顶角均是 $116°34'$；本例题设正五边形各边长均为 33。

（2）如图（a）所示，以边长 33 的正五边形为顶、底面，适当高度（如 33），形成正五棱柱三维建模。

（3）将 12 个这样相同的正五棱柱，按照顶角均为 $116°34'$，依次拼接而成，如图（b）所示是两个正五棱柱按照两面角 $116°34'$ 拼接的。

（4）如图（c）所示，运用【环形阵列】形成均布的五个拼接的正五棱柱（阵列角 $72°$）。

（5）如图（d）所示，下半部分，同样按两面角 $116°34'$ 拼接一个正五棱柱。

（6）如图（e）所示，按阵列角 $72°$，【环形阵列】形成下半部分，均布的五个拼接正五棱柱。最后填平底面。

空间解析 2：

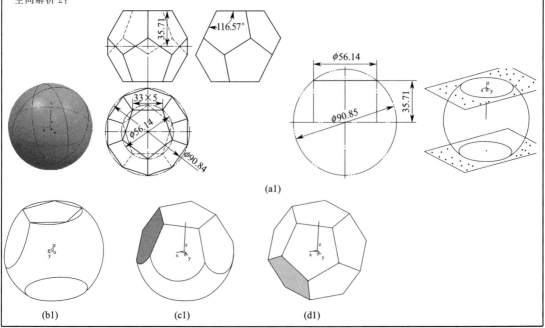

(a1)

(b1)　　　　　　(c1)　　　　　　(d1)

续表

(1)如图(a1)所示,以正十二面体的外接球为基体,由图解可知,其球直径为 $S\phi90.85$,边长 33 的正五边形的外接圆直径为 $\phi56.14$,为切得这样的断面圆,应从上下各距离水平中心线 35.71 处截切。

(2)如图(b1)所示,与水平圆面成 $116°34'$ 的角度斜切。

(3)如图(c1)所示,【环形阵列】形成均布的五个斜断面。

(4)如图(d1)所示,同理,形成下部造型。

造型流程 1:

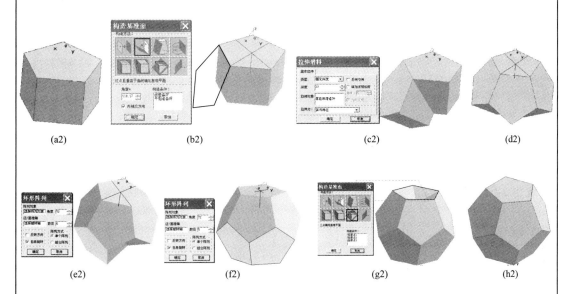

(a2)   (b2)   (c2)   (d2)

(e2)   (f2)   (g2)   (h2)

(1)如图(a2)所示,基体(正五棱柱)三维建模:选择 XY 基准面,绘制【草图】边长 33 的正五边形,【拉伸增料】适当高度(如 33)——形成正五棱柱三维建模。

(2)如图(b2)所示,两面角为 $116°34'$ 的拼接正五棱柱三维建模:设与正五棱柱顶面成 $116°34'$ 的【构造基准面】,绘制【草图】边长 33 的正五边形。

(3)如图(c2)所示,【拉伸增料】适当高度(如 33)——形成拼接正五棱柱三维建模。

(4)如图(d2)所示,绕基体轴线【环形阵列】(阵列角 $72°$、5 个),形成 5 个围绕基体的正五棱柱,两个顶面角都成 $116°34'$。

(5)如图(e2)所示,下半部分,同样拼接另一个正五棱柱,两面角也成 $116°34'$。

(6)如图(f2)所示,再绕基体轴线【环形阵列】(阵列角 $72°$、5 个),形成下半部分的 5 个围绕基体的正五棱柱,两面角都成 $116°34'$。

(7)如图(g2)所示,用正五棱柱填平底面。

(8)如图(h2)所示,最后完成正十二面体三维建模。

造型流程 2:

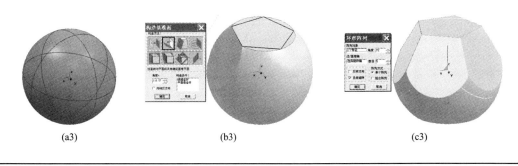

(a3)   (b3)   (c3)

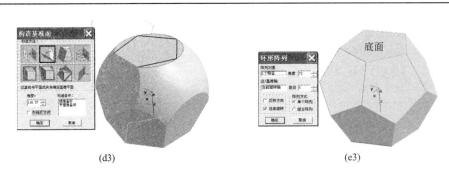

(d3)　　　　　　　　　　　　　　　　(e3)

(1) 如图(a3)所示,按照正十二面体外接球直径 $S\phi90.85$,进行基体(球)三维建模:选择 XY 基准面,绘制【草图】$\phi90.85$ 圆的一半,绕直径【旋转增料】360°——生成直径 $S\phi90.85$ 的圆球。

(2) 如图(b3)所示,由于正五边形(边长 33)的外接圆直径为 $\phi56.14$,为切得这样的断面圆,应上下各距离水平中心线 35.71 处截切,在圆面内画出正五边形(边长 33);选择与圆面成 116°34′的【构造基准面】截切,切得另一圆面。

(3) 如图(c3)所示,绕基体轴线【环形阵列】(阵列角 72°),形成 5 个两面角都成 116°34′的正五棱柱。

(4) 如图(d3)所示,同理,在底面圆内画出反向正五边形(边长 33);选择与圆面成 116°34′的【构造平面】截切,切得另一圆面。

(5) 如图(e3)所示,在下半部分【环形阵列】(阵列角 72°)也形成 5 个两面角都成 116°34′的正五棱柱。

【例 3-9】 画出棱边长 33 的正二十面体的主、俯、左视图,进行三维建模。

> **背景**

正二十面体是由二十个等边三角形以相同的两面角 116°34′围成的。

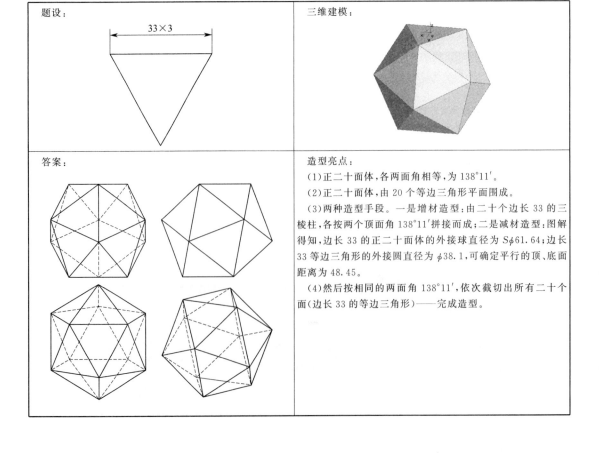

题设:

$33×3$

三维建模:

答案:

造型亮点:

(1) 正二十面体,各两面角相等,为 138°11′。

(2) 正二十面体,由 20 个等边三角形平面围成。

(3) 两种造型手段。一是增材造型:由二十个边长 33 的三棱柱,各按两个顶面角 138°11′拼接而成;二是减材造型:图解得知,边长 33 的正二十面体的外接球直径为 $S\phi61.64$;边长 33 等边三角形的外接圆直径为 $\phi38.1$,可确定平行的顶、底面距离为 48.45。

(4) 然后按相同的两面角 138°11′,依次截切出所有二十个面(边长 33 的等边三角形)——完成造型。

续表

空间解析 1.增材造型

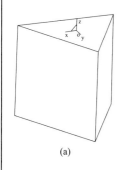 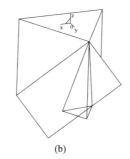 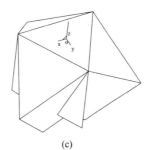 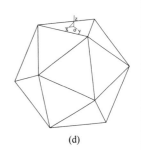

| (a) | (b) | (c) | (d) |

(1)正二十面体的每个面都是等边三角形,各顶角均是 138°11′;本例题设等边三角形各边长均为 33。

(2)若以边长 33 的等边三角形为顶、底面,适当高度(如 40),形成正三棱柱的三维建模,如图(a)所示。

(3)若设置与三角形顶面成 138°11′的构造平面,作适当高度(如 20)的正三棱柱,如图(b)所示。

(4)再以中轴【环形阵列】间隔 120°,3 个,如图(c)所示。

(5)以此类推,逐渐形成正二十面体,如图(d)所示。

空间解析 2:减材造型

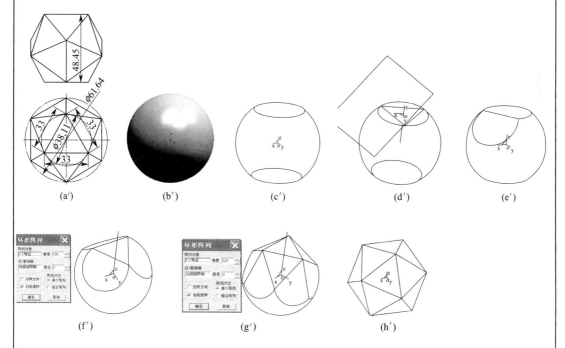

(1)如图(a′)所示,根据图解获知,正二十面体的外接球直径为 Sϕ61.64。

(2)如图(b′)所示,设基体为 Sϕ61.64 的球体。

(3)如图(c′)所示,上下距离 48.45 切出顶、底面(形状为圆形平面)。

(4)如图(d′)所示,按正二十面体各两面角为 138°11′,设置【构造基准平面】进行截切。

(5)如图(e′)所示,获得与水平顶面成 138°11′的斜平面(形状为部分圆弧面,其中的直线段长 33)。

(6)如图(f′)所示,若以球体竖直轴线【环形阵列】阵列角 120°,均布 3 个,即形成环绕轴线,均布,且与顶面成 138°11′的三个圆弧斜面。

(7)如图(g′)所示,继续依次切出与相邻平面成 138°11′的斜面,同样采取【环形阵列】手段,可以获得其余斜面。

(8)如图(h′)所示,最终完成正二十面体的三维建模。

续表

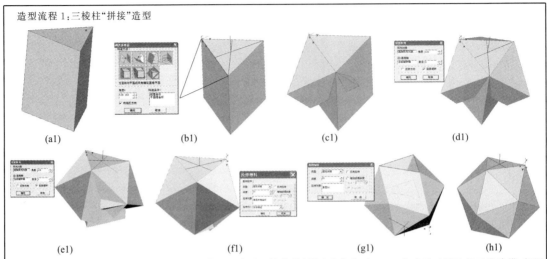

造型流程1:三棱柱"拼接"造型

(a1)　　　　　　　　(b1)　　　　　　　　(c1)　　　　　　　　(d1)

(e1)　　　　　　　　　(f1)　　　　　　　　(g1)　　　　　　　　(h1)

(1)选择 *XY* 基准面,绘制【草图】边长33的等边三角形,【拉伸增料】适当高度(如40),完成正三棱柱的三维建模,如图(a1)所示。

(2)以两面角138°11′(正二十面体各顶角相等,都等于138°11′),形成【构造平面】,绘制【草图】边长33的等边三角形,如图(b1)所示。

(3)【拉伸增料】适当高度(如20),完成与基体顶面成138°11′角的正三棱柱的三维建模,如图(c1)所示。

(4)以中轴【环形阵列】间隔120°、3个,完成环绕中轴线均布的三个正三棱柱的三维建模,如图(d1)所示。

(5)以此类推,再形成138°11′角的【构造平面】,绘制【草图】边长33的等边三角形【拉伸增料】作出顶面角成138°11′的正三棱柱的三维建模,如图(e1)所示。

(6)同样,再形成另一个138°11′角的【构造平面】,绘制【草图】边长33的等边三角形,【拉伸增料】适当高度(如20),完成与基体顶面成138°11′角的另一个正三棱柱的三维建模,如图(f1)所示。

(7)以中轴【环形阵列】间隔120°、3个,选择以上两个正三棱锥为【阵列对象】,形成环绕中轴,均布的9个正三棱柱三维建模;同理,进行下半部分均布的9个正三棱柱三维建模,如图(g1)所示。

(8)填平底面,选择正三角形的三顶点,确定【构造平面】绘制【草图】边长33的等边三角形,【拉伸增料】适当高度(如33),形成第二十个正三棱柱三维建模,如图(h1)所示。完成全部三维建模。

造型流程2:外接球"截切"造型

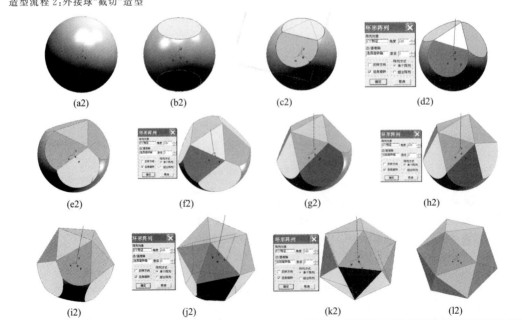

(a2)　　　　　　　　(b2)　　　　　　　　(c2)　　　　　　　　(d2)

(e2)　　　　　　　　(f2)　　　　　　　　(g2)　　　　　　　　(h2)

(i2)　　　　　　　　(j2)　　　　　　　　(k2)　　　　　　　　(l2)

（1）如图（a2）所示，选择 XY 基准面，绘制【草图】φ61.64 的半圆，以半径为轴线【旋转增料】360°——形成基体球的三维建模。

（2）如图（b2）所示，选择 XZ 基准面，绘制【草图】49.5×49.5 的正方形，切掉上下部分，形成顶、底面为圆形的平面。

（3）如图（c2）所示，设置【构造基准面】与顶面倾斜 138°11′，切掉外部，生成第一个圆弧斜面（其中的直线段长 33）。

（4）如图（d2）所示，点击这个圆弧斜面，绕球体竖直轴线【环形阵列】阵列角 120°、均布 3 个，形成三个相同的圆弧斜面。

（5）如图（e2）所示，再设置【构造基准面】与第一个圆弧斜面倾斜 138°11′，切掉外部，生成第二次圆弧斜面（其中的直线段长 33）。

（6）如图（f2）所示，点击第二次圆弧斜面，再绕球体竖直轴线【环形阵列】阵列角 120°、均布 3 个，形成三个相同的第二次圆弧斜面。

（7）如图（g2）所示，继续设置【构造基准面】与某一个二次圆弧斜面倾斜 138°11′，切掉外部，生成第三次圆弧斜面（其中的直线段长 33）。

（8）如图（h2）所示，点击第三次圆弧斜面，继续绕球体竖直轴线【环形阵列】阵列角 120°、均布 3 个，形成三个相同的第三次圆弧斜面。

（9）如图（i2）所示，同理，再继续设置【构造基准面】与某一个三次圆弧斜面倾斜 138°11′，切掉外部，生成第四次圆弧斜面（其中的直线段长 33）。

再点击第四次圆弧斜面，继续绕球体竖直轴线【环形阵列】阵列角 120°、均布 3 个，形成三个相同的第四次圆弧斜面。

（10）如图（j2）所示，同理，再继续设置【构造基准面】与某一个四次圆弧斜面倾斜 138°11′，切掉外部，生成第五次圆弧斜面（其中的直线段长 33）。

再点击第五次圆弧斜面，继续绕球体竖直轴线【环形阵列】阵列角 120°、均布 3 个，形成三个相同的第五次圆弧斜面。

（11）如图（k2）所示，同理，再继续设置【构造基准面】与某一个五次圆弧斜面倾斜 138°11′，切掉外部，生成第六次圆弧斜面（其中的直线段长 33）。

再点击第六次圆弧斜面，继续绕球体竖直轴线【环形阵列】阵列角 120°、均布 3 个，形成三个相同的第六次圆弧斜面。

（12）如图（l2）所示，最终，完成正二十面体的三维建模。

【例 3-10】　在 66×66×66 的正方体的顶部四角，截切出四个边长 40 的等边三角形断面，先补全立体的主、俯视图再根据立体的主、俯视图补画左视图，求出阴影断面实形，进行三维建模。

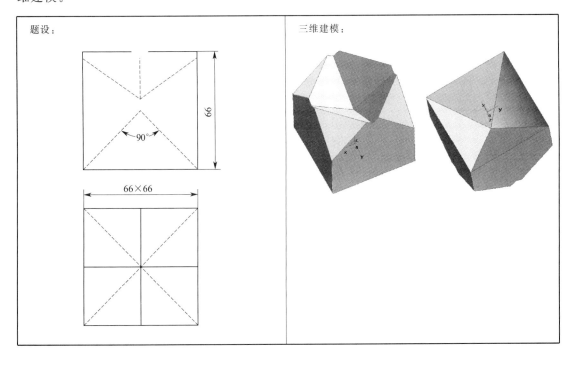

题设：

66

90°

66×66

三维建模：

续表

答案：

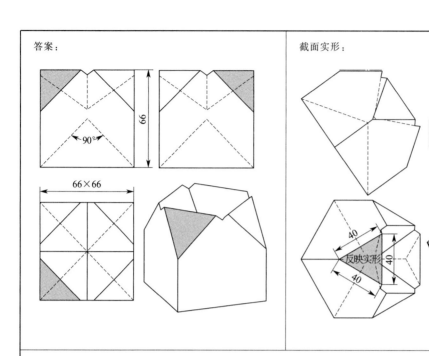

截面实形：

空间解析：

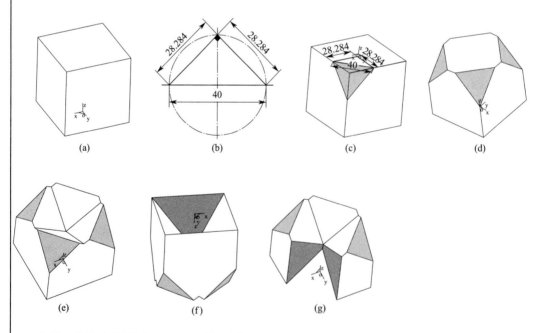

(1) 如图(a)所示，本例基体为 66×66×66 的正方体。

(2) 如图(b)所示，图解得知，斜边为 40 的直角三角形，其两条直角边长应当为 28.284。

(3) 如图(c)所示，据此可以确定"切角"(阴影三角形断面)的三个端点的位置。

(4) 如图(d)所示，绕基体主轴线【环形阵列】4 个，获得均布对称的 4 个三角形断面。

(5) 如图(e)所示，以 4 个三角形断面的顶边延伸，围成正方形，向下【拉伸除料】40，添加【拔模斜度】45°——生成缺角的正四棱锥坑。

(6) 如图(f)所示，以底面的 4 条边围成正方形，向上【拉伸除料】40，添加【拔模斜度】45°——生成大正四棱锥坑。

(7) 如图(g)所示，为便于观察，假想剖去左前方 1/4。

续表

造型流程：

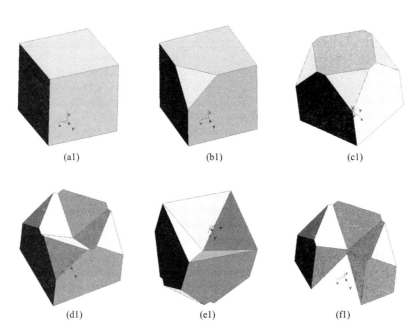

(a1)　　　　　　　　(b1)　　　　　　　　(c1)

(d1)　　　　　　　　(e1)　　　　　　　　(f1)

(1) 如图(a1)所示，基体"正四棱柱"(所有边长 66)三维建模：选择 XY 基准面，绘制【草图】边长 66 的正方形，【拉伸增料】66——生成正四棱柱(所有边长 66)三维建模。

(2) 如图(b1)所示，一个三角形"切角"三维建模：先确定三点(分别在立体的顶、前、侧面上，分别距离顶点 28.284 处)，选择【构造基准面】中的"三点定面"绘制【草图】三角形，向外【拉伸除料】22——生成"切角"(三角形断面)三维建模。

(3) 如图(c1)所示，四个对称的三角形"切角"三维建模：绕立体主轴线【环形阵列】均布 4 个、阵列角 90°——生成均布、对称的四个"切角"三维建模。

(4) 如图(d1)所示，顶部缺角的正四棱锥坑三维建模：选择立体顶面为基准面，以【实体边界】绘制【草图】延伸成正方形，向下【拉伸除料】40，添加【拔模斜度】45°——生成顶部缺角的正四棱锥坑三维建模。

(5) 如图(e1)所示，底部大正四棱锥坑三维建模：选择立体底面为基准面，以【实体边界】绘制【草图】大正方形，向上【拉伸除料】40，添加【拔模斜度】45°——生成底部大正四棱锥坑三维建模。

(6) 如图(f1)所示，为便于观察，假想剖去左前方 1/4。

造型亮点：

(1) 要获得四个"切角"断面为边长 40 的等边三角形，其三个端点必须距离相应的顶点为 28.284——图解得知。

(2) 顶、底面的两个正四棱锥坑，交错 45°。

(3) 俯视图中间的对角线垂直，虽然投影为一条"直线"，实则各为两段折线。

第二节　棱锥挖切创意

➡ 预备知识

n 棱锥有 $n+1$ 个面 (n 个棱面＋1 个底面)，若被平面截切，截交线必为平面 k 边形 ($k=3\sim n+1$)。

【例 3-11】已知正四面体(边长 48)的俯视图，补画其主、左视图；并一刀截切出正方形断面，再求出截面实形、并进行三维建模。

背景

正四面体的四个表面均是全等三角形，要截得四边形，必须一刀切过四个表面。

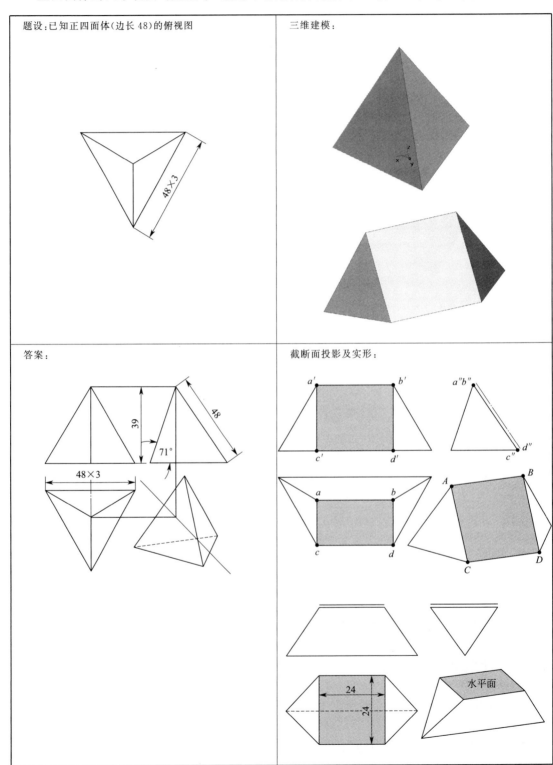

题设：已知正四面体（边长 48）的俯视图

三维建模：

答案：

截断面投影及实形：

水平面

续表

空间解析：

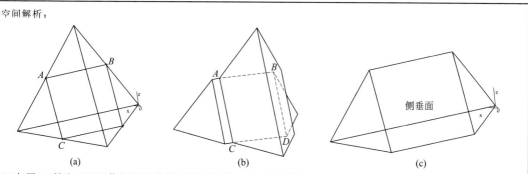

(a) (b) (c)

（1）如图(a)所示，正四面体相应面（本例选择了后面与底面），其边线中点 A、B、C 的连线为"正线"（AB 线为侧垂线、AC 线为侧平线）。

（2）如图(b)所示，通过 A、B、C 三点确定的剪切面截切，必然获得正方形。

（3）如图(c)所示，由于正方形 $ABDC$ 为侧垂面，为获得断面实形，需要变换成平行面，以得到实形投影。

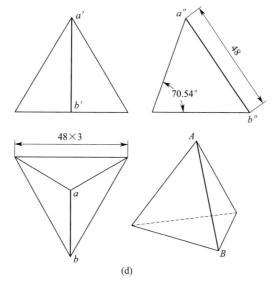

(d)

（4）如图(d)所示，图解显示，AB 棱线处于侧平线位置，其侧面投影应当反映实长(48)，从而可以确定 a'' 的位置，进而可以测量棱面与水平底面的夹角为 $70.54°$（由于棱锥的后侧面为侧垂面，其侧面投影积聚成斜线；水平底面的侧面投影也积聚成直线；二者投影夹角为真实两面角）。这为造型建模提供了【拔模斜度】——为 $19.46°$（$90°-70.54°$）。

造型流程：

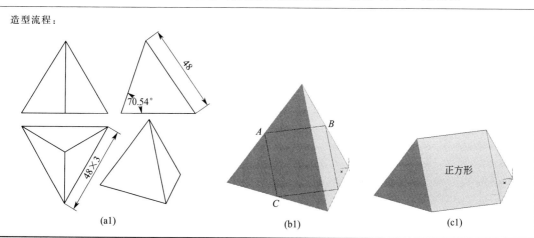

(a1) (b1) (c1)

（1）如图（a1）所示，基体"边长 48 的正四面体"三维建模：选择 XY 基准面，绘制【草图】边长 48 的等边三角形，【拉伸增料】45，添加【拔模斜度】19.46°（90°—70.54°）——生成正四面体三维建模。

（2）如图（b1）所示，根据"三点定面"原理，选择相应边线的三个中点（本例选择了 A、B、C 三个中点）——确定截切面位置。

（3）如图（c1）所示，过 A、B、C 三点确定的剪切面截切后，获得正方形断面。

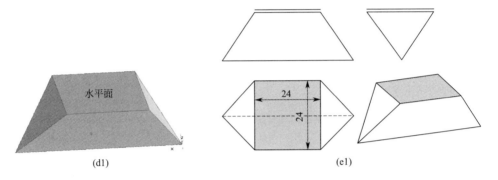

(d1)　　　　　　　　　　　　　　　(e1)

（4）如图（d1）所示，由于断面 $ABDC$ 处于侧垂面位置，需要将其变换成平行面（本例变换成水平面）。

（5）如图（e1）所示，将断面变换成水平面后，其水平投影反映断面实形（边长 24 的正方形）。

造型亮点：

（1）正四面体相邻边线，其中点的连线为"正线"（垂直线或平行线）。

（2）要在正四面体上截得正方形，只能通过三条边线的中点定面。

（3）图解获知：正四面体各棱面与水平底面的夹角均为 70.54°。

【例 3-12】已知十条边长均为 66 的正五棱锥的俯视图，补画主、左视图，并截切出六边形断面，且使其中的三条边垂直，求截面实形，并进行三维建模。

→ 背景

正五棱锥有六个表面、十条边，要截得六边形，必须一刀切过六个表面。

题设：已知所有边长均为 66 的"正五棱锥"的俯视图，补画主、左视图；截切出"六边形断面"，且使三条边垂直。	三维建模：
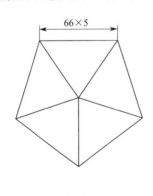	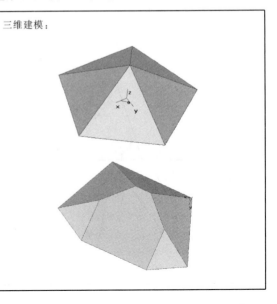

续表

答案:

截断面投影及实形:

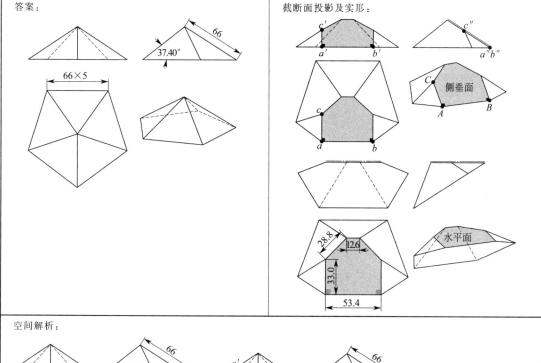

空间解析:

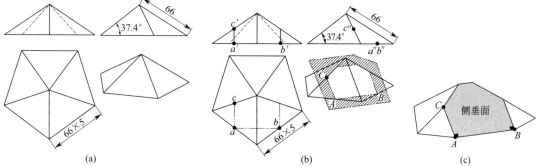

(a)   (b)   (c)

(1)如图(a)所示,由图解获知,要使正五棱锥的十条边均为66,应先设计出平面形(边长66的正五边形),拔模斜度为52.6°(90°—37.4°)。

(2)如图(b)所示,通过底面两条边及一条棱线的中点A、B、C三点确定剪切面,截切后必然获得三条边垂直的六边形。

(3)如图(c)所示,由于断面为侧垂面,为获得断面实形,需要变换成平行面,以得到实形投影。

造型流程:

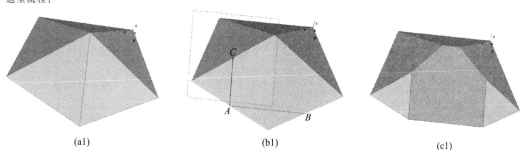

(a1)   (b1)   (c1)

(1)如图(a1)所示,十条边长均为66的"正五棱锥"三维建模:选择XY基准面,绘制【草图】边长均为66的正五边形,【拉伸增料】45,添加【拔模斜度】52.6°(锥度90°—37.4°)——生成所有边长均为66的正五棱锥三维建模。

(2)如图(b1)所示,确定截切面的位置:根据"三点定面"原理,选择相应边线的三个中点(本例选择了A、B、C三个中点)——形成【构造基准面】。

续表

（3）如图（c1）所示，过 A、B、C 三点确定的剪切面截切后，获得六边形断面，且三条边垂直。

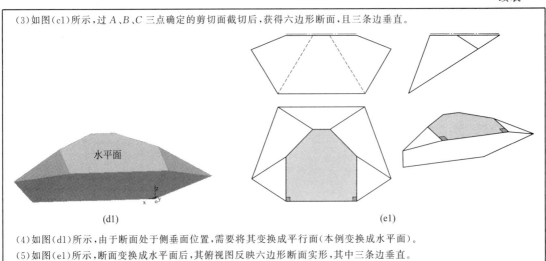

(d1)   (e1)

（4）如图（d1）所示，由于断面处于侧垂面位置，需要将其变换成平行面（本例变换成水平面）。

（5）如图（e1）所示，断面变换成水平面后，其俯视图反映六边形断面实形，其中三条边垂直。

造型亮点：

（1）正五棱锥相邻棱线的中点连线为"正线"（垂直线或平行线）。

（2）要在正五棱锥上截得"六边形"，且使其中的三条边垂直，可以通过相应三条边线的中点定面。

（3）本例截切出的"六边形"断面为侧垂面位置。

【例 3-13】 根据立体的主、俯视图，补画左视图，求阴影截面实形，进行三维建模。

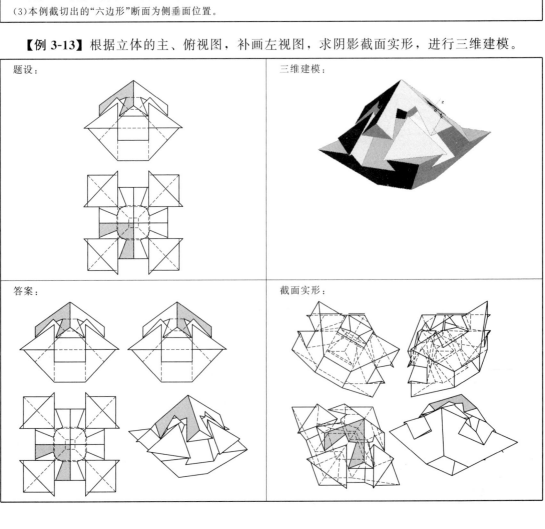

题设：

三维建模：

答案：

截面实形：

续表

空间解析：

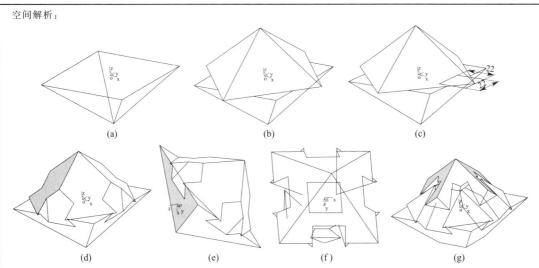

(1)如图(a)所示,基体下方为"正四棱锥"(底面为 66×66 的正方形,底角 45°)。

(2)如图(b)所示,基体上方也是"正四棱锥"(底面为 66×66 的正方形,底角 45°),只是正方形旋转了 45°角。

(3)如图(c)所示,在水平基准面上,绘制【草图】22×22 正方形。

(4)如图(d)所示,双向【拉伸除料】50,可形成五边形断面,若绕基体的竖直轴线【环形阵列】均布 4 个、阵列角 90°,可形成对称的四个五边形断面。

(5)如图(e)所示,选择下部四棱锥的某个斜面为基准面,点击【实体边界】绘制【草图】矩形。

(6)如图(f)所示,【拉伸除料】30,再绕基体的竖直轴线【环形阵列】均布 4 个、阵列角 90°,可形成对称的四个矩形孔;再选择 XY 基准面,绘制【草图】22×22 正方形。

(7)如图(g)所示,向上【拉伸除料】30,形成正方形底孔——完成全部造型。

造型流程：

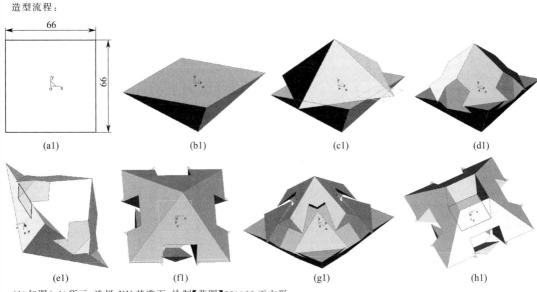

(1)如图(a1)所示,选择 XY 基准面,绘制【草图】66×66 正方形。

(2)如图(b1)所示,向下【拉伸增料】50,添加【拔模斜度】45°,形成下方的正四棱锥。

(3)如图(c1)所示,选择 XY 基准面,绘制【草图】66×66 正方形,旋转 45°向上【拉伸增料】50,添加【拔模斜度】45°,形成上方的正四棱锥。

(4)如图(d1)所示,选择 XY 基准面,绘制【草图】22×22 正方形,双向【拉伸除料】80,形成五边形断面;再绕基体的竖直轴线【环形阵列】均布 4 个、阵列角 90°,可形成对称的四个五边形断面。

(5)如图(e1)所示,选择下部四棱锥的某个斜面为基准面,点击【实体边界】绘制【草图】矩形。

续表

(6)如图(f1)所示,将立体的下部旋转到上面显示,向上【拉伸除料】30;再绕基体的竖直轴线【环形阵列】均布 4 个、阵列角 90°,可形成对称的四个与水平面倾斜 45°的矩形孔。

(7)如图(g1)所示形成的正面造型。

(8)如图(h1)所示,将立体的下部旋转到上面显示,选择 XY 基准面,绘制【草图】22×22 正方形,向上【拉伸除料】30,形成正方形底孔——完成全部造型。

造型亮点:

(1)本例为上下相同的正四棱锥(只是错位 45°)。

(2)上方正四棱锥的四角切掉矩形(22×22)槽,正好位于下方正四棱锥的中间——形成五边形断面。

(3)在下方正四棱锥的某斜面上,点击【实体边界】绘制【草图】矩形,【拉伸除料】30;再绕基体的竖直轴线【环形阵列】均布 4 个、阵列角 90°,形成对称的四个与水平面倾斜 45°的矩形孔。

(4)立体的下部正中,向上开正方形(22×22)孔。

【例 3-14】 根据立体的主、俯视图,补画左视图,求阴影截面实形,进行三维建模。

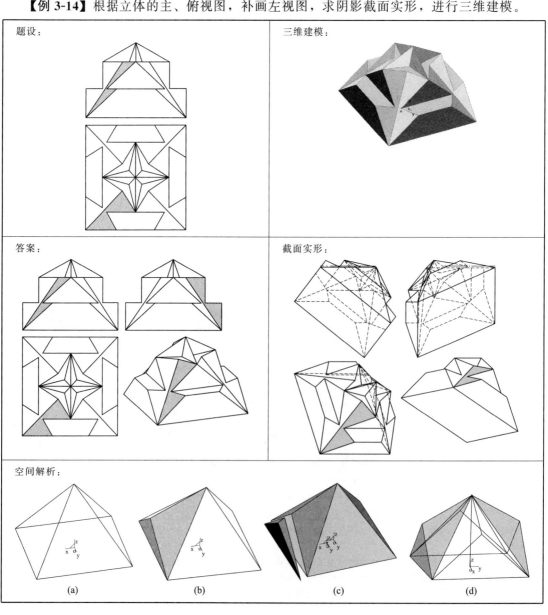

(a)　　　　　(b)　　　　　(c)　　　　　(d)

续表

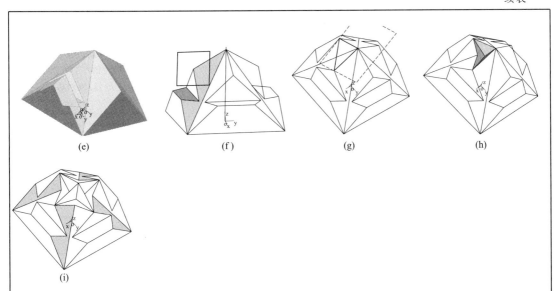

(e)　　　　　　　(f)　　　　　　　(g)　　　　　　　(h)

(i)

(1) 如图(a)所示,本例基体为边长 66 的正四棱锥(棱锥底角 55°)。

(2) 如图(b)所示,分别以四棱锥的一个斜侧面(三角形)为底面,生出四个正三棱锥(底角 45°)。

(3) 如图(c)所示,四周竖直切平。

(4) 如图(d)所示,四周竖直切平后,应保证水平投影为 66×66 的正方形。

(5) 如图(e)所示,用水平刀和竖直刀切出"缺口"。

(6) 如图(f)所示,然后,绕基体主轴线【环形阵列】,形成对称的四个缺口断面。

(7) 如图(g)所示,"三点定面":点击最高顶点和两个次高顶点,形成【构造基准面】,连接三点绘制成【草图】三角形。

(8) 如图(h)所示,【拉伸除料】40,添加【拔模斜度】52°(为使下侧面成水平面位置),形成三棱锥坑。

(9) 如图(i)所示,绕基体主轴线【环形阵列】均布 4 个,形成对称的四个三棱锥坑——完成全部三维建模。若将阴影截面变换成水平面,则其水平投影反映实形。

造型流程:

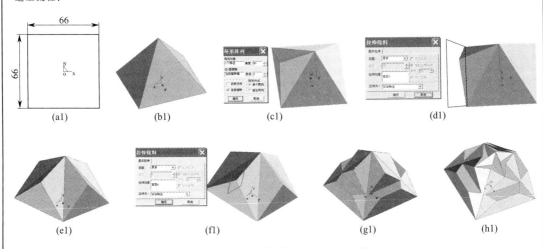

(a1)　　　　　　(b1)　　　　　　(c1)　　　　　　(d1)

(e1)　　　　　　(f1)　　　　　　(g1)　　　　　　(h1)

(1) 如图(a1)所示,正四棱锥"草图":选择 *XY* 基准面,绘制【草图】66×66 正方形。

(2) 如图(b1)所示,正四棱锥三维建模:【拉伸增料】80,添加【拔模斜度】35°,形成正四棱锥(底面为 66×66 正方形)。

(3) 如图(c1)所示,"侧三棱锥"三维建模:选择四棱锥的一个斜面,点击【实体边界】形成【草图】三角形,【拉伸增料】50,添加【拔模斜度】45°,生成"侧三棱锥"三维建模。

(4) 如图(d1)所示,"竖直切平"三维建模::选择 *XZ* 基准面,绘制【草图】垂线四边形,【拉伸除料】贯穿——切出竖直的三角形截面。

续表

（5）如图(e1)所示，【环形阵列】阵列角90°、4个，形成对称的四个三角形截面。

（6）如图(f1)所示，"切口"三维建模：选择 XZ 基准面，绘制【草图】22×22正方形；【拉伸除料】贯穿。

（7）如图(g1)所示，"对称四个切口"三维建模：绕主轴线【环形阵列】阵列角90°、4个，形成对称的四个切口断面。

（8）如图(h1)所示，顶部"三棱锥坑"三维建模：选择最高顶点和两个次高顶点形成【构造基准面】中的"三点定面"，绘制【草图】连接三点形成三角形，【拉伸除料】40，添加【拔模斜度】52°，形成三棱锥坑；再绕主轴线【环形阵列】阵列角90°、4个，形成对称的四个三棱锥坑——完成全部三维建模。

造型亮点：

（1）本例基体为正四棱锥（底面为66×66的正方形，锥底角为55°）。

（2）以基体的斜侧面为基准面，形成相对于斜侧面的4个正三棱锥；竖直切平（确保底面的水平投影为66×66的正方形）。

（3）以22×22的正方形切成4个缺口（左右、前后对称）。

（4）三点定面（最高顶点和两个次高顶点），连接三顶点绘制成【草图】三角形，向里挖出三棱锥坑（添加【拔模斜度】52°——使下侧面成水平面位置）。

【例 3-15】 根据立体的主、俯视图，补画左视图，进行三维建模。

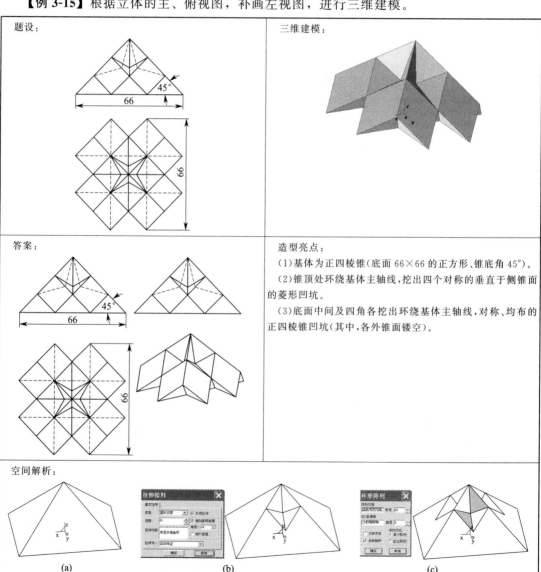

题设：

三维建模：

答案：

造型亮点：

（1）基体为正四棱锥（底面66×66的正方形、锥底角45°）。

（2）锥顶处环绕基体主轴线，挖出四个对称的垂直于侧锥面的菱形凹坑。

（3）底面中间及四角各挖出环绕基体主轴线，对称、均布的正四棱锥凹坑（其中，各外锥面镂空）。

空间解析：

(a)　　　　(b)　　　　(c)

续表

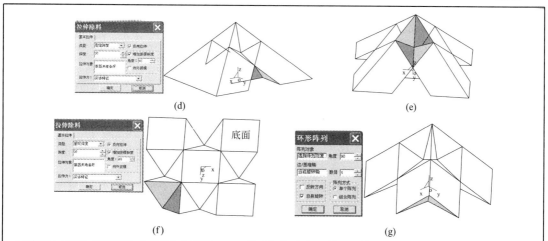

(d)　　　　　　　　　(e)

(f)　　　　　　　　　(g)

(1)如图(a)所示,根据题设,本例基体为底面 66×66 的正方形、底角 45°的正四棱锥。

(2)如图(b)所示,选择棱锥的一个侧面为基准面,绘制【草图】以棱线长度的 1/3 组成的菱形,【拉伸除料】30、添加【拔模斜度】45°,形成垂直于侧锥面的菱形凹坑。

(3)如图(c)所示,绕基体主轴线【环形阵列】阵列角 90°、均布 4 个,形成环绕主轴线、均布的四个菱形凹坑。

(4)如图(d)所示,选择底面为基准面,以底面边线中间长 22 为一边,绘制【草图】22×22 的正方形,【拉伸除料】30、添加【拔模斜度】45°,形成正四棱锥凹坑(其中,外锥面镂空)。

(5)如图(e)所示,绕基体主轴线【环形阵列】阵列角 90°、均布 4 个,形成环绕主轴线、均布的四个正四棱锥凹坑(其中,外锥面镂空)。

(6)如图(f)所示,选择底面为基准面,以底面的两边线长 22 为两条边,绘制【草图】22×22 的正方形,【拉伸除料】30、添加【拔模斜度】45°,形成正四棱锥凹坑(其中,两个外锥面镂空)。

(7)如图(g)所示,绕基体主轴线【环形阵列】阵列角 90°、均布 4 个,形成环绕主轴线、均布的四个正四棱锥凹坑(其中,各两个外锥面镂空)——完成造型。

造型流程:

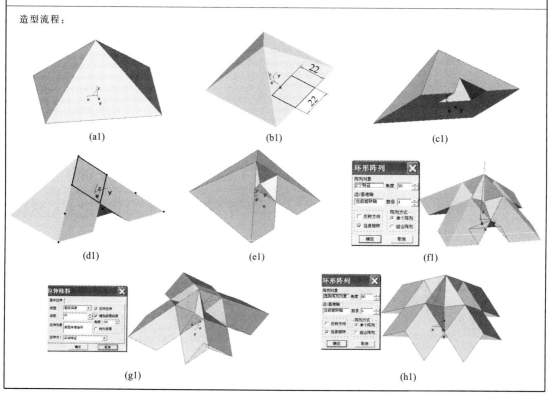

(a1)　　　　　　　　　(b1)　　　　　　　　　(c1)

(d1)　　　　　　　　　(e1)　　　　　　　　　(f1)

(g1)　　　　　　　　　　　　(h1)

续表

（1）如图(a1)所示，基体"正四棱锥"三维建模：选择 XY 基准面，绘制【草图】66×66 正方形，【拉伸增料】50、添加【拔模斜度】45°，形成正四棱锥基体。

（2）"正四棱锥凹坑"三维建模：选择 XY 基准面，在底边中点处绘制【草图】22×22 正方形，如图(b1)所示；【拉伸除料】30，添加【拔模斜度】45°，形成"正四棱锥凹坑"（其中，外锥面镂空），如图(c1)所示。

（3）"菱形凹坑"三维建模：再选择一个棱锥面为基准面，绘制【草图】以棱线长度的 1/3 组成的菱形，如图(d1)所示；【拉伸除料】30，添加【拔模斜度】45°，形成"菱形凹坑"，如图(e1)所示。

（4）如图(f1)所示，对称的 4 个"正四棱锥凹坑"和 4 个"菱形凹坑"三维建模：选择以上两个对象，绕基体主轴线【环形阵列】阵列角 90°、4 个，形成环绕主轴线、均布的四个"正四棱锥凹坑"（其中，外锥面镂空）和顶部均布的"菱形凹坑"。

（5）如图(g1)所示，选择 XY 基准面，以底面的两边线长 22 为两条边，绘制【草图】22×22 的正方形，【拉伸除料】30、添加【拔模斜度】45°，形成正四棱锥凹坑（其中，两个外锥面镂空）。

（6）如图(h1)所示，绕基体主轴线【环形阵列】阵列角 90°、4 个，形成环绕主轴线、均布的四个正四棱锥凹坑（其中，各两个外锥面镂空）——完成造型。

【例 3-16】 根据立体的主、俯视图，补画左视图，进行三维建模。

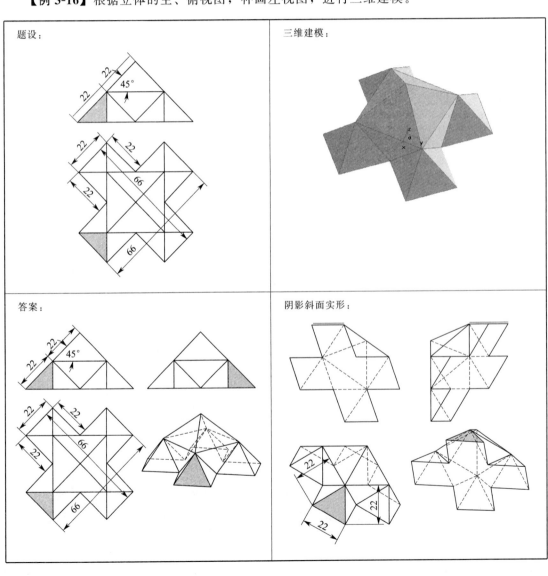

续表

空间解析:提示

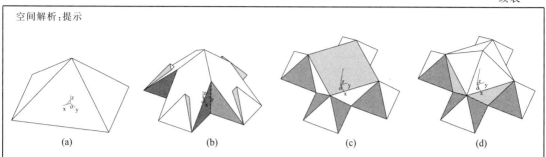

(a)　　　　　　(b)　　　　　　(c)　　　　　　(d)

(1)如图(a)所示,本例基体是正四棱锥(底面为66×66正方形、底角45°)。

(2)如图(b)所示,四角切口(22×22)——各形成直角三角形断面(两直角边长22、16);相邻切口各生成一个小正四棱锥(底面为22×22正方形、锥底角55°)。

(3)如图(c)所示,以四个小正四棱锥顶点连线生成正方形【草图】;确定【构造基准面】。

(4)如图(d)所示,【拉伸增料】40,添加【拔模斜度】45°——生成顶部正四棱锥。

造型流程:提示

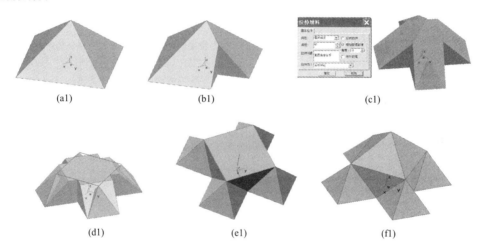

(a1)　　　　　　(b1)　　　　　　(c1)

(d1)　　　　　　(e1)　　　　　　(f1)

(1)如图(a1)所示,基体(正四棱锥)三维建模:选择 XY 基准面,绘制【草图】66×66正方形,【拉伸增料】50,添加【拔模斜度】45°——生成"正四棱锥"基体三维建模。

(2)如图(b1)所示,"切角缺口"三维建模:选择 XY 基准面,绘制【草图】22×22正方形,【拉伸除料】点击【贯穿】——生成两直角三角形断面的"切角缺口"三维建模。

(3)如图(c1)所示,"小四棱锥"三维建模:选择 XY 基准面,相邻"切角缺口"绘制【草图】22×22正方形,【拉伸增料】30,添加【拔模斜度】35°——生成"小正四棱锥"三维建模;点击"小正四棱锥"和"切角缺口",再绕基体主轴线【环形阵列】4个、阵列角90°——生成4个对称、均布的"小正四棱锥"和4个"切角缺口"三维建模。

(4)如图(d1)所示,"四顶点平台"三维建模:点击"小正四棱锥"的三个顶点,形成【构造基准面】中的"三点定面",连接四个顶点,绘制成【草图】正方形。

(5)如图(e1)所示,清理平台下方:分别选择两个"小正四棱锥"的相对侧面为基准面,点击【实体边界】绘制成【草图】三角形,【拉伸除料】20——形成"相邻三个三角形侧面";再绕基体主轴线【环形阵列】4个,阵列角90°——生成4个对称、均布的"相邻三个三角形侧面"三维建模。

(6)如图(f1)所示,"顶部正四棱锥"三维建模:点击"小正四棱锥"的三个顶点,形成【构造基准面】中的"三点定面",连接四个顶点,绘制成【草图】正方形,【拉伸增料】30,添加【拔模斜度】45°——生成"顶部大正四棱锥"三维建模。

造型亮点:

(1)本例主、左视图的外轮廓虽为相同的直角三角形,但是顶部大正四棱锥侧面与下部小四棱锥棱线的投影巧合。

(2)本例,顶部大正四棱锥的锥底角为45°,底部小四棱锥的锥底角为55°,其棱线的正面、侧面投影与顶部大正四棱锥的棱面投影巧妙重合。

(3)四个小四棱锥底面均为22×22的正方形,3个侧面均为边长22的等边三角形。

【例 3-17】根据立体的主、左视图，补画俯视图，进行三维建模。

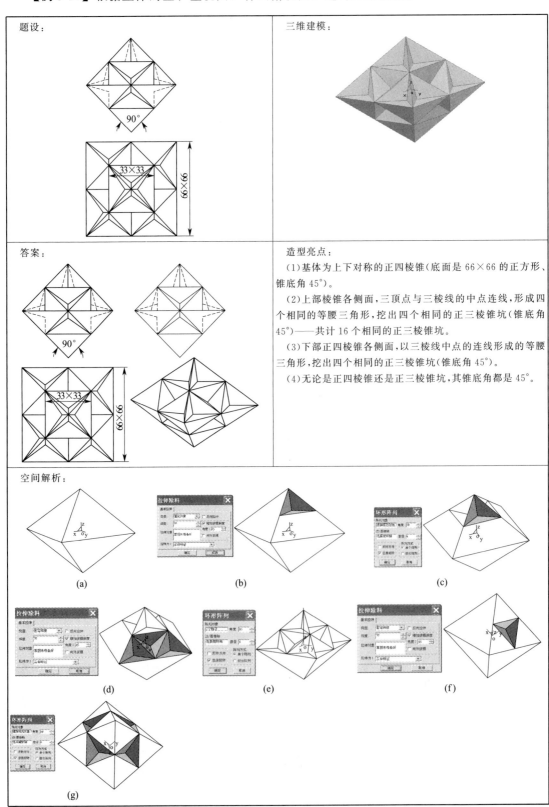

题设：

90°

33×33

66×66

三维建模：

答案：

90°

33×33

66×66

造型亮点：

(1)基体为上下对称的正四棱锥(底面是 66×66 的正方形、锥底角 45°)。

(2)上部棱锥各侧面,三顶点与三棱线的中点连线,形成四个相同的等腰三角形,挖出四个相同的正三棱锥坑(锥底角 45°)——共计 16 个相同的正三棱锥坑。

(3)下部正四棱锥各侧面,以三棱线中点的连线形成的等腰三角形,挖出四个相同的正三棱锥坑(锥底角 45°)。

(4)无论是正四棱锥还是正三棱锥坑,其锥底角都是 45°。

空间解析：

(a)

(b)

(c)

(d)

(e)

(f)

(g)

续表

（1）如图（a）所示，根据题设，本例基体为底面 66×66 的正方形，形成锥底角 45°的上下对称的正四棱锥。

（2）如图（b）所示，选择某个棱面为基准面，绘制【草图】以棱线的 1/2 为等腰三角形的两腰、底边长度必然为 33，【拉伸除料】30、添加【拔模斜度】45°，形成三棱锥坑。

（3）如图（c）所示，再绕基体主轴线【环形阵列】均布 4 个、阵列角 90°，形成绕棱锥主轴线均布、对称的四个三棱锥坑。

（4）如图（d）所示，同理，选择某个棱面为基准面，在前个三角形的下方，绘制【草图】——三个相同的等腰三角形，【拉伸除料】30、添加【拔模斜度】45°，形成三个相同的三棱锥坑。

（5）如图（e）所示，再绕基体主轴线【环形阵列】均布 4 个、阵列角 90°，形成绕棱锥主轴线对称的 12 个三棱锥坑。

（6）如图（f）所示，在四棱锥的下部，选择某个棱面为基准面，绘制【草图】以棱线的 1/2 为边长的等腰三角形，【拉伸除料】30、添加【拔模斜度】45°，形成一个三棱锥坑。

（7）如图（g）所示，绕基体主轴线【环形阵列】均布 4 个、阵列角 90°，在四棱锥的下部，也形成绕棱锥主轴线对称的四个三棱锥坑——完成造型。

造型流程：

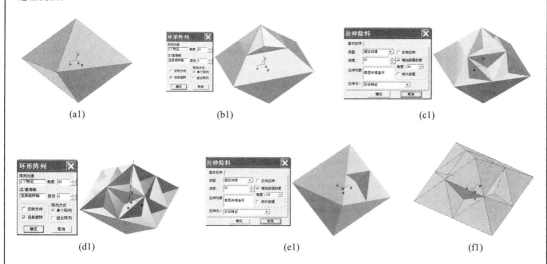

(a1)　　　　　　　(b1)　　　　　　　(c1)

(d1)　　　　　　　(e1)　　　　　　　(f1)

（1）如图（a1）所示，基体上下对称正四棱锥三维建模：选择 XY 基准面，绘制【草图】66×66 的正方形，双向【拉伸增料】90、添加【拔模斜度】45°，形成上下对称的两个正四棱锥。

（2）如图（b1）所示，"顶部四个三棱锥坑"三维建模：选择某个棱面为基准面，绘制【草图】以棱线的 1/2 为等腰三角形的两腰、底边长度必为 33，【拉伸除料】30、添加【拔模斜度】45°，形成三棱锥坑；再绕基体主轴线【环形阵列】均布 4 个、阵列角 90°，形成绕棱锥主轴线均布、对称的"顶部四个三棱锥坑"三维建模。

（3）如图（c1）所示，"下部三个三棱锥坑"三维建模：同理，选择某个棱面为基准面，在上个三角形的下方，绘制【草图】——三个相同的等腰三角形，【拉伸除料】30、添加【拔模斜度】45°，形成"下部三个相同的三棱锥坑"三维建模。

（4）如图（d1）所示，"下部 12 个三棱锥坑"三维建模：再绕基体主轴线【环形阵列】均布 4 个、阵列角 90°，形成绕棱锥主轴线对称的"下部 12 个三棱锥坑"三维建模。

（5）如图（e1）所示，"底部三棱锥坑"三维建模：选择下部四棱锥的某个棱面为基准面，绘制【草图】以棱线的 1/2 为边长的等腰三角形，【拉伸除料】30、添加【拔模斜度】45°，形成"底部三棱锥坑"三维建模。

（6）如图（f1）所示，"底部四个三棱锥坑"三维建模：再绕基体主轴线【环形阵列】均布 4 个、阵列角 90°，在四棱锥的下部，也形成绕棱锥主轴线对称的"四个三棱锥坑"三维建模——完成全部造型。

【例 3-18】根据立体的主、俯视图，补画左视图，求出阴影棱面的实形，进行三维建模。

题设：

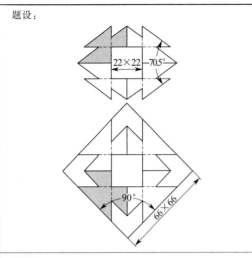

三维建模：

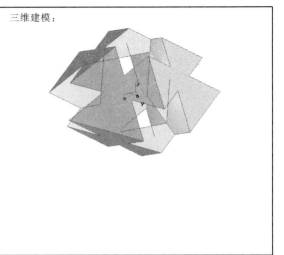

答案：

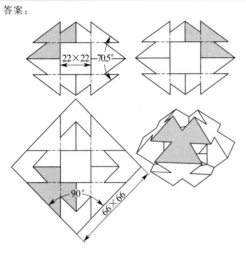

断面实形：

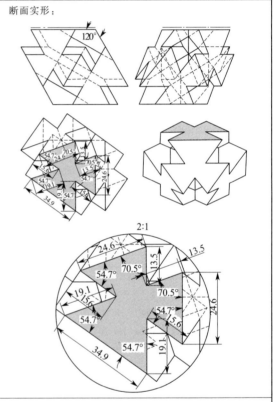

空间解析：

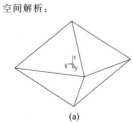

(a)

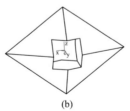

(b)

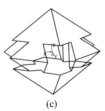

(c)

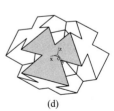

(d)

(1) 如图 (a) 所示，根据题设，基体应为 66×66 的正方形底面、锥底角 45°形成的上下两个对称的正四棱锥。

(2) 如图 (b) 所示，由主视图中的 22×22 的正方形，对应俯、左视图中的虚线，可判断是前后钻通的正方形孔。

(3) 如图 (c) 所示，由左视图中的 22×22 的正方形，对应主、俯视图中的虚线，可判断是左右钻通的正方形孔。

续表

(4)如图(d)所示,由俯视图中的 22×22 的正方形,对应主、左视图中的虚线,可判断是上下钻通的正方形孔。

造型流程:

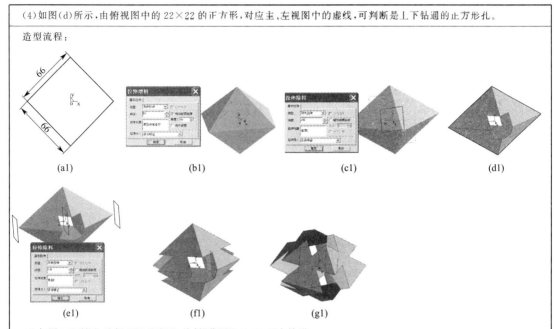

(a1)　　　　　　　(b1)　　　　　　　(c1)　　　　　　　(d1)

(e1)　　　　　　　(f1)　　　　　　　(g1)

(1)如图(a1)所示,选择 XY 基准面,绘制【草图】66×66 正方棱形。

(2)如图(b1)所示,双向【拉伸增料】80,添加【拔模斜度】45°,形成上下对称四棱锥。

(3)如图(c1)所示,选择 XZ 基准面,绘制【草图】22×22 正方形。

(4)如图(d1)所示,双向【拉伸除料】80,形成前后穿通的正方孔。

(5)如图(e1)所示,选择 YZ 基准面,绘制【草图】22×22 正方形。

(6)如图(f1)所示,双向【拉伸除料】80,形成左右穿通的正方孔。

(7)如图(g1)所示,选择 XY 基准面,绘制【草图】22×22 正方形,双向【拉伸除料】80,形成上下穿通的正方孔——完成造型。

造型亮点:

(1)上下对称的正四棱锥,底面为 66×66 的正方形,锥底角 45°。

(2)上下、左右、前后各开正方形(22×22)通孔。

【例 3-19】根据立体的主、俯视图,补画左视图,求出阴影斜面实形,进行三维建模。

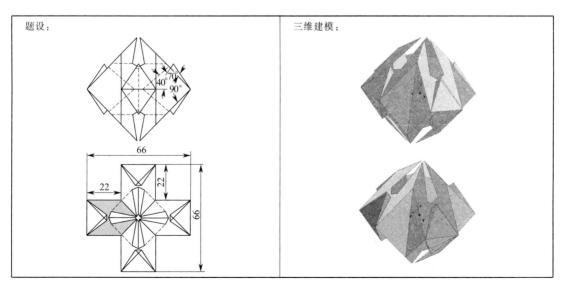

题设:

三维建模:

续表

答案：

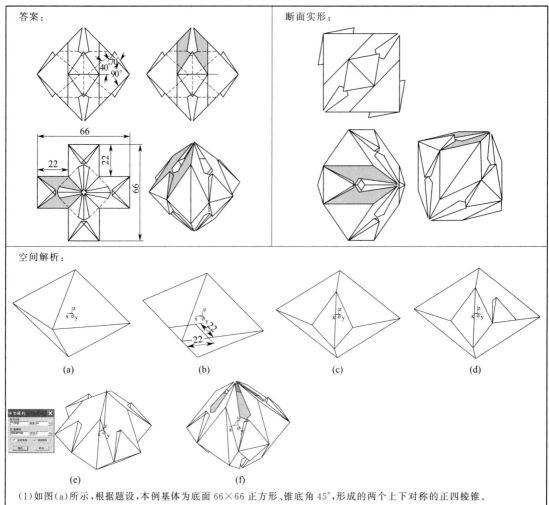

断面实形：

空间解析：

(a)　　　　　(b)　　　　　(c)　　　　　(d)

(e)　　　　　(f)

(1) 如图(a)所示，根据题设，本例基体为底面 66×66 正方形、锥底角 45°，形成的两个上下对称的正四棱锥。

(2) 如图(b)所示，四个角各被 22×22 的正方形切出一个缺口。

(3) 如图(c)所示，切出的断面为两个相等且相互垂直的三角形。

(4) 如图(d)所示，邻近缺口生成一个底面为 22×22 的正方形、锥顶角 70°的小正四棱锥。

(5) 如图(e)所示，绕基体主轴线【环形阵列】均布 4 个，形成四个缺口、四个小正四棱锥。

(6) 如图(f)所示，以四个小四棱锥的锥顶连成的正方形为底面，上下各挖出一个正四棱锥坑（锥底角 40°）。

造型流程：

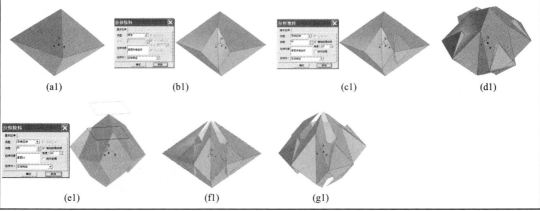

(a1)　　　　(b1)　　　　　　(c1)　　　　　　(d1)

(e1)　　　　(f1)　　　　(g1)

续表

（1）如图(a1)所示，"十下对称的两个正四棱锥"二维建模：选择 XY 基准面，绘制【草图】66×66 正方形，双向【拉伸增料】80，添加【拔模斜度】$45°$，形成上下对称的两个正四棱锥三维建模。

（2）如图(b1)所示，"双三角形断面缺口"三维建模：选择 XY 基准面，绘制【草图】22×22 正方形，【拉伸除料】贯穿，形成双三角形断面缺口三维建模。

（3）如图(c1)所示，"上下对称的小正四棱锥"三维建模：选择 XY 基准面，邻近缺口绘制【草图】22×22 正方形，双向【拉伸增料】80，添加【拔模斜度】$35°$，形成上下对称的两个小正四棱锥三维建模。

（4）如图(d1)所示，绕基体主轴线【环形阵列】均布 4 个，阵列角 $90°$，形成四个缺口、四个小正四棱锥。

（5）如图(e1)所示，以四个小四棱锥的锥顶连成的正方形为底面。

（6）如图(f1)所示，上下各挖出一个正四棱锥坑（锥底角 $40°$）。

（7）如图(g1)所示，同理，基体下部也以下部四个小四棱锥的锥顶连成的正方形为底面，上下各挖出一个正四棱锥坑（锥底角 $40°$）——完成造型。

造型亮点：

（1）基体为 66×66 的正方形底面、锥底角 $45°$ 的上下对称的两个正四棱锥。

（2）四角缺口是由 22×22 正方形，【拉伸除料】贯穿——形成双三角形断面。

（3）上下对称的八个小正四棱锥是由 22×22 正方形双向【拉伸增料】80 添加【拔模斜度】$35°$ 形成的。

（4）顶、底部的"四尖爪"是由上下各四个小四棱锥的锥顶连成的正方形为底面，上下各挖出一个正四棱锥坑（锥底角 $40°$）产生的。

【例 3-20】根据立体的主、俯视图，补画左视图，进行三维建模。

题设：

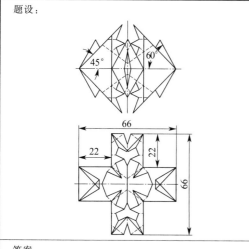

三维建模：

答案：

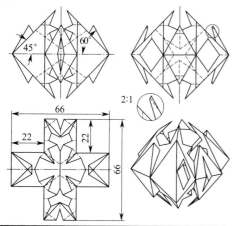

2:1

造型亮点：

（1）基体为上下对称的正四棱锥（底面为 66×66 的正方形、锥底角 $45°$）。

（2）四角缺口为 22×22 的正方形【草图】上下贯通切除。

（3）两缺口之间的小正四棱锥由 22×22 的正方形【草图】上下【拉伸增料】60 并添加【拔模斜度】$30°$形成；再绕基体主轴线【环形阵列】4 个、阵列角 $90°$——形成均布的四个小四棱锥（只有顶部露头）。

（4）以 4 个小四棱锥顶点确定的【构造平面】为基准绘制的正方形【草图】，双向【拉伸增料】60，并添加【拔模斜度】$45°$，形成上下对称的四棱锥坑。

（5）绕水平轴线【环形阵列】4 个、阵列角 $90°$——形成绕水平轴线均布的四个正四棱锥坑（穿透了基体四棱锥的各侧面，以及前后两个小四棱锥的前后侧面及锥顶）。

续表

空间解析：

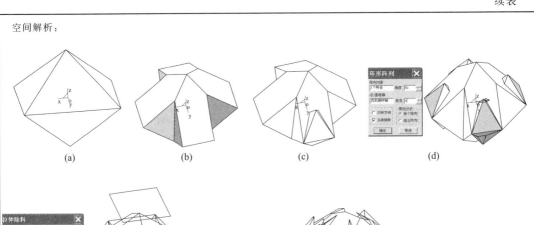

(a)　　　　　　(b)　　　　　　(c)　　　　　　(d)

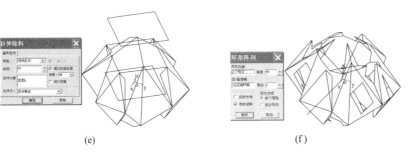

(e)　　　　　　　　　　　　　(f)

(1)如图(a)所示,本例基体为上下对称的正四棱锥(底面为 66×66 的正方形、锥底角 45°)。

(2)如图(b)所示,四角切掉 22×22 的正方形缺口。

(3)如图(c)所示,在两缺口之间,添加上下对称的正四棱锥(底面为 22×22 的正方形、锥底角 60°)。

(4)如图(d)所示,绕基体主轴线【环形阵列】4 个、阵列角 90°——形成绕主轴线均布的四个小四棱锥(只有顶部露头)。

(5)如图(e)所示,以四个小四棱锥的顶点连线形成的正方形【草图】,双向【拉伸除料】40、添加【拔模斜度】45°,形成正四棱锥坑。

(6)如图(f)所示,绕水平轴线【环形阵列】4 个、阵列角 90°——形成绕水平轴线均布的四个正四棱锥坑(穿透了基体四棱锥的各侧面,以及前后两个小四棱锥的前后侧面及锥顶)。

造型流程：

(a1)　　　　　　(b1)　　　　　　(c1)　　　　　　(d1)

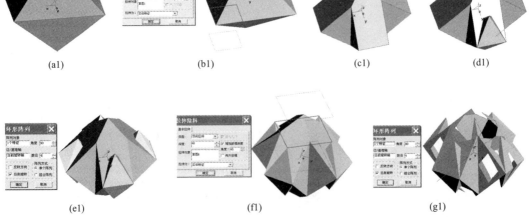

(e1)　　　　　　　　(f1)　　　　　　　　(g1)

(1)如图(a1)所示,选择 XY 基准面,绘制 66×66 正方形【草图】,双向【拉伸增料】80、添加【拔模斜度】45°,形成上下对称的正四棱锥。

(2)如图(b1)所示,再选择 XY 基准面,绘制 22×22 正方形【草图】,双向【拉伸除料】80,形成缺口。

续表

（3）如图（c1）所示，绕基体主轴线【环形阵列】4 个、阵列角 90°——形成绕主轴线均布的凹角缺口。

（4）如图（d1）所示，再选择 XY 基准面，在两缺口之间，绘制 22×22 正方形【草图】，双向【拉伸增料】60、添加【拔模斜度】30°，形成上下对称的小正四棱锥（只有顶部露头）。

（5）如图（e1）所示，【环形阵列】4 个、阵列角 90°——形成绕主轴线均布的 4 个上下对称的小正四棱锥。

（6）如图（f1）所示，以四个小四棱锥的顶点确定的【构造平面】为基准面，连接 4 顶点，形成正方形【草图】，双向【拉伸除料】40、添加【拔模斜度】45°，形成正四棱锥坑。

（7）如图（g1）所示，绕水平轴线【环形阵列】4 个、阵列角 90°——形成绕水平轴线均布的四个正四棱锥坑（穿透了基体四棱锥的各侧面，以及前后两个小四棱锥的前后侧面及锥顶）。

【例 3-21】 根据立体的主、俯视图，补画左视图，求出阴影斜面实形，进行三维建模。

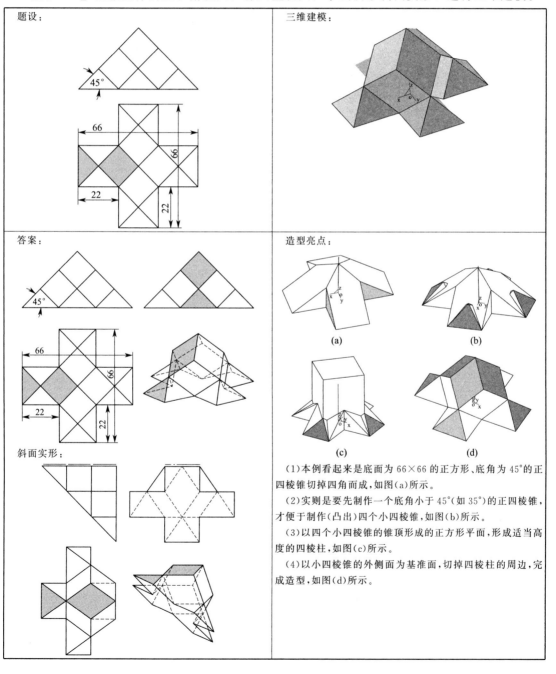

（1）本例看起来是底面为 66×66 的正方形、底角为 45°的正四棱锥切掉四角而成，如图（a）所示。

（2）实则是要先制作一个底角小于 45°（如 35°）的正四棱锥，才便于制作（凸出）四个小四棱锥，如图（b）所示。

（3）以四个小四棱锥的锥顶形成的正方形平面，形成适当高度的四棱柱，如图（c）所示。

（4）以小四棱锥的外侧面为基准面，切掉四棱柱的周边，完成造型，如图（d）所示。

空间解析 1：

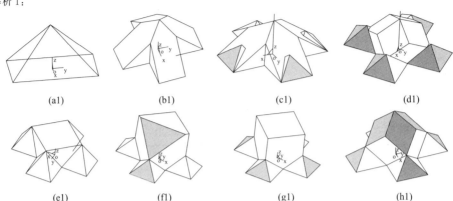

(a1)　　　　　(b1)　　　　　(c1)　　　　　(d1)

(e1)　　　　　(f1)　　　　　(g1)　　　　　(h1)

（1）如图（a1）所示，基体为 66×66 正方形底面，锥底角小于 45°（如 35°）的正四棱锥。

（2）如图（b1）所示，切掉四角（截切面为 22×22 的正方形）。

（3）如图（c1）所示，在 4 个斜棱面上，凸出 4 个正四棱锥（底面为 22×22 的正方形、锥底角 45°）。

（4）如图（d1）所示，清理出小正四棱锥两侧棱面。

（5）如图（e1）所示，连接四个小四棱锥"顶"，形成正方形平台。

（6）如图（f1）所示，以四个小四棱锥"顶"，形成的正方形为底面，向上拉伸成正四棱柱。

（7）如图（g1）所示，以小四棱锥的外侧棱面为基准面，切平上面的四棱柱。

（8）如图（h1）所示，将切平面【环形阵列】均布 4 个，形成所需造型。

空间解析 2：

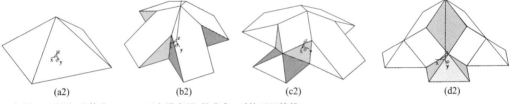

(a2)　　　　　(b2)　　　　　(c2)　　　　　(d2)

（1）如图（a2）所示，基体为 66×66 正方形底面，锥底角 45°的正四棱锥。

（2）如图（b2）所示，切掉四角（截切面为 22×22 的正方形）。

（3）如图（c2）所示，切出 1 个小正四棱锥（斜切 4 刀）。

（4）如图（d2）所示，再绕基体轴线【环形阵列】均布 4 个——完成造型。

造型流程 1：烦琐造型

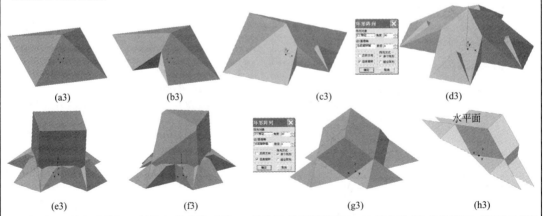

(a3)　　　　　(b3)　　　　　(c3)　　　　　(d3)

水平面

(e3)　　　　　(f3)　　　　　(g3)　　　　　(h3)

（1）如图（a3）所示，基体"正四棱锥"三维建模：选择 XY 基准面，绘制【草图】66×66 正方形，【拉伸增料】50，添加【拔模斜度】55°，完成"正四棱锥"三维建模。

（2）如图（b3）所示，"切角"三维建模：选择 XY 基准面，绘制【草图】22×22 正方形，【拉伸除料】33——生成"切角"三维

续表

建模。

(3)如图(c3)所示,"小正四棱锥"三维建模:选择 XY 基准面,绘制【草图】22×22 正方形,【拉伸增料】50,添加【拔模斜度】45°,完成 1 个"小正四棱锥"三维建模。

(4)如图(d3)所示,四个均布"小正四棱锥"及四个"切角"三维建模:【环形阵列】均布 4 个、阵列角 90°,完成四个均布相同的"小正四棱锥"及四个"切角"三维建模。

(5)如图(e3)所示,顶部"正四棱柱"三维建模:以四个小四棱锥的锥顶确定的平面为基准面,以【实体边界】形成的正方形为草图,【拉伸增料】30——生成"正四棱柱"三维建模。

(6)如图(f3)所示,"斜切正四棱柱"三维建模:选择小四棱锥的外侧面为基准面,切去正四棱柱以外部分。

(7)如图(g3)所示,再绕基体主轴线【环形阵列】均布 4 个、阵列角 90°;清理四棱锥侧面(选择小四棱锥侧面为基准面,【拉伸除料】清除多余部分)——完成全部造型。

(8)如图(h3)所示,将阴影斜面变换成水平面,则其水平投影反映实形。

造型流程 2:截切造型

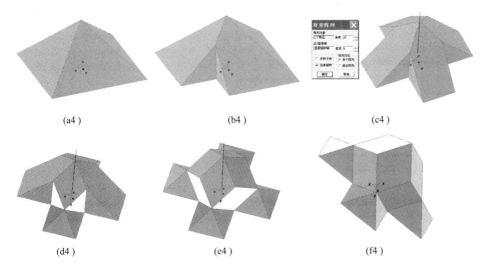

(a4)　　　　　　　　　　(b4)　　　　　　　　　　(c4)

(d4)　　　　　　　　　　(e4)　　　　　　　　　　(f4)

(1)如图(a4)所示,基体"正四棱锥"三维建模:选择 XY 基准面,绘制【草图】66×66 正方形,【拉伸增料】55,添加【拔摸斜度】45°——生成"正四棱锥"三维建模。

(2)如图(b4)所示,"切角"三维建模:选择 XY 基准面,绘制【草图】22×22 正方形,【拉伸除料】点击【贯穿】45°——生成"切角"三维建模。

(3)如图(c4)所示,均布四个"切角"三维建模:将以上"切角"绕基体轴线【环形阵列】4 个、阵列角 90°——生成均布四个"切角"三维建模。

(4)如图(d4)所示,"小四棱锥"三维建模:分别选择 4 个【构造基准面】,分别绘制 4 个【草图】三角形,【拉伸除料】12——生成"小四棱锥"三维建模。

(5)如图(e4)所示,均布四个"小四棱锥"三维建模:将以上"小四棱锥"绕基体轴线【环形阵列】4 个、阵列角 90°——生成均布四个"小四棱锥"三维建模。

(6)如图(f4)所示,将欲求实形的斜面变换成水平面,则其水平投影反映实形。

【例 3-22】根据立体的主、左视图，补画俯视图，进行三维建模。

题设：	三维建模：
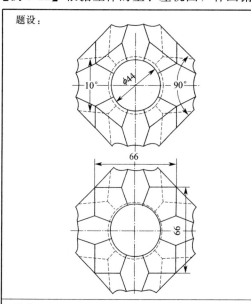	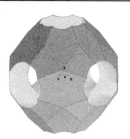

答案：

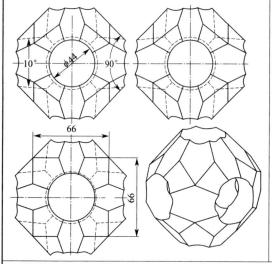

造型亮点：

(1)基体为边长 66 的正方体，以边长的 1/3 组成的等边三角形平面，切掉八个角，形成六个正八边形表面。

(2)分别以正八边形表面，【拉伸增料】50，添加【拔模斜度】45°，形成六个正八棱锥。

(3)在前后、左右、上下各钻圆锥孔(锥顶角 10°)。

空间解析：

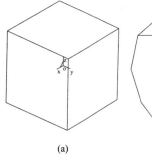

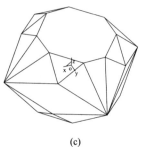

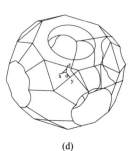

(a)	(b)	(c)	(d)

(1)如图(a)所示，根据题设，本例基体为边长 66 的正方体。

(2)如图(b)所示，切掉正方体的八个角，使各面形成正八边形。

(3)如图(c)所示，前后、左右形成四个正八棱锥(底角 45°)。

(4)如图(d)所示，上下、左右、前后钻通相同圆锥孔(锥顶角 10°)。

造型流程：

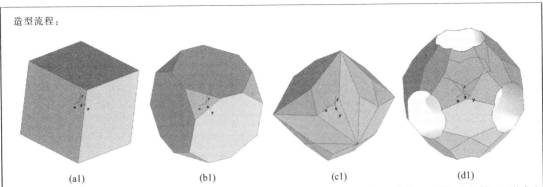

(a1)　　　　　　(b1)　　　　　　(c1)　　　　　　(d1)

（1）如图(a1)所示，基体（正方体）三维建模：选择 XY 基准面，绘制【草图】边长 66 的正方形，双向【拉伸增料】66，形成边长 66 的正方体。

（2）如图(b1)所示，"切角"三维建模：在相邻边线上，各量取 22，以组成等边三角形平面，切掉正方体的八个角，使正方体的六个面成为正八边形。

（3）如图(c1)所示，以六个正八边形平面为底面，【拉伸增料】50，添加【拔模斜度】45°，形成六个正八棱锥。

（4）如图(d1)所示，分别选择 XY、XZ、YZ 三个基准面，绘制【草图】φ44 圆，双向【拉伸除料】80，添加【拔模斜度】5°，形成圆锥通孔。

【例 3-23】 根据立体的主、左视图，补画俯视图，进行三维建模。

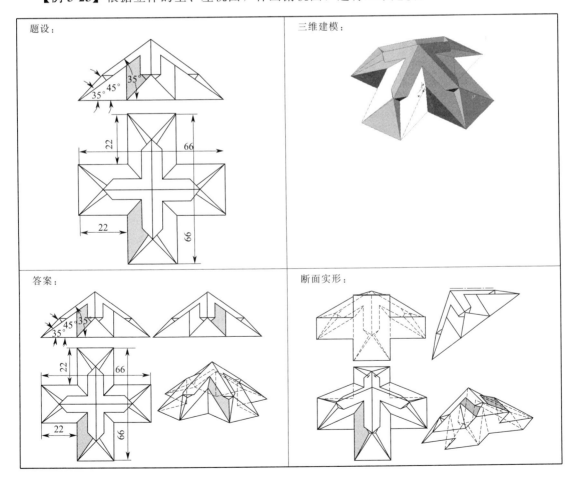

题设：

三维建模：

答案：

断面实形：

续表

空间解析：

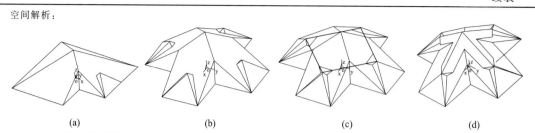

　　　　(a)　　　　　　　　　　(b)　　　　　　　　　　(c)　　　　　　　　　　(d)

　　(1)如图(a)所示，根据题设，本例基体为正四棱锥(底面为 66×66 的正方形、底角为 35°)。

　　(2)如图(b)所示，基体切掉四角(截切面为 22×22 的正方形)；临近切角，凸起 4 个均布的小正四棱锥(底面为 22×22 的正方形、底角为 45°)。

　　(3)如图(c)所示，以 4 个小正四棱锥的锥顶，确定平台，生成正方形【草图】。

　　(4)如图(d)所示，将正方形【草图】，向上【拉伸增料】40，并添加【拔模斜度】45°——形成"45°正四棱锥"，盖住了部分基体——产生交线及截断面。

造型流程：

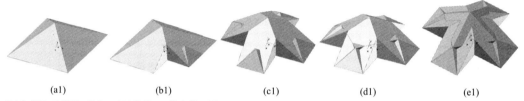

　　(a1)　　　　　　　(b1)　　　　　　　(c1)　　　　　　　(d1)　　　　　　　(e1)

　　(1)如图(a1)所示，基体(正四棱锥)三维建模：选择 XY 基准面，绘制【草图】边长 66 的正方形，【拉伸增料】40，添加【拔模斜度】55°——形成正四棱锥(底面为 66×66 的正方形、底角 35°)三维建模。

　　(2)如图(b1)所示，"切角""小四棱锥"三维建模：选择 XY 基准面，在相邻边线上，绘制【草图】边长 22 的正方形，【拉伸除料】【贯穿】——形成"切角"；邻接"切角"，再绘制【草图】边长 22 的正方形，【拉伸增料】30，添加【拔模斜度】45°——形成"小四棱锥"三维建模。

　　(3)如图(c1)所示，绕基体轴线【环形阵列】均布 4 个、阵列角 90°形成 4 个均布、对称的"切角""小四棱锥"三维建模。

　　(4)如图(d1)所示，4 个小四棱锥"锥顶平台"三维建模：连接四个小四棱锥的锥顶确定【构造基准面】，绘制【草图】4 个锥顶连成的正方形，向下【拉伸增料】4——形成"锥顶平台"三维建模。

　　(5)如图(e1)所示，顶部 45°四棱锥三维建模：选择 4 个小四棱锥的"锥顶平台"为基准面，绘制【草图】4 个锥顶连成的正方形，向上【拉伸增料】45，添加【拔模斜度】45°——形成"45°四棱锥"三维建模。完成全部造型。

造型亮点：

　　(1)基体为正四棱锥(底面为 66×66 的正方形、底角为 35°)。

　　(2)基体切掉 4 角，临近切角生成 4 个小四棱锥(底角 45°)。

　　(3)顶部生成大正四棱锥(底角 45°，棱线与水平面夹角 35°)。

　　(4)立体由 6 个正四棱锥组成，4 个小正四棱锥是在基体(底角为 35°的大正四棱锥)凸起；顶部的正四棱锥(底角为 45°)由 4 个小正四棱锥的锥顶顶起。

　　(5)立体的三视图无虚线。

　　【例 3-24】 根据立体的主、左视图，补画俯视图，求出阴影斜面实形，进行三维建模。

题设：　　　　　　　　　　　　　　　　　　三维建模：

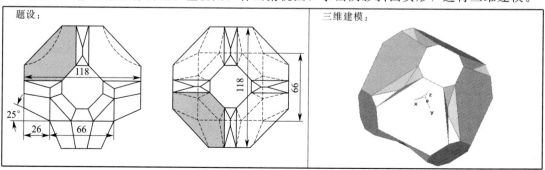

续表

答案：　　　　　　　　　　　　　　　　　　断面实形：

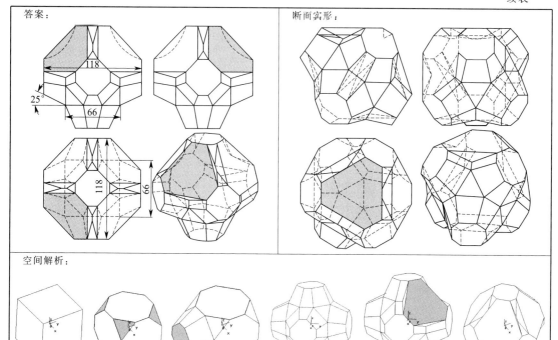

空间解析：

   (a)　　　　　　(b)　　　　　　(c)　　　　　　(d)　　　　　　(e)　　　　　　(f)

(1)如图(a)所示，根据题设，本例基体为边长 66 的正方体。

(2)如图(b)所示，基体切掉 8 个角(截切面为等边三角形)。

(3)如图(c)所示，以某个侧面(八边形)，生成"正八棱锥台"。

(4)如图(d)所示，6 个侧面均生成"正八棱锥台"。

(5)如图(e)所示，以相邻的三个"正八棱锥台"的 6 个顶点连成六边形(三条长、短边对应相等)——形成"斜面平台"。

(6)如图(f)所示，环绕基体竖直轴线，生成 4 个均布、对称的"斜面平台"。

造型流程：

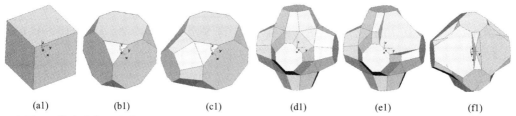

   (a1)　　　　　　(b1)　　　　　　(c1)　　　　　　(d1)　　　　　　(e1)　　　　　　(f1)

(1)如图(a1)所示，基体(正方体)三维建模：选择 XY 基准面，绘制【草图】边长 66 的正方形，【拉伸增料】66——形成"正方体"三维建模。

(2)如图(b1)所示，8 个"切角"三维建模：将连接顶点 3 条相互垂直的边线分别 3 等分，选择 3 个 1/3 等分点，确定【构造基准面】，绘制【草图】等边三角形【拉伸除料】20——形成"切角"；绕基体轴线【环形阵列】均布 4 个，阵列角 90°形成 8 个均布、对称的"切角"三维建模。

(3)如图(c1)所示，八棱锥台三维建模：选择某一个侧面为基准平面，运用【实体边界】点击侧面的 8 条边绘制成【草图】，【拉伸增料】26，添加【拔模斜度】25°——形成"25°八棱锥台"三维建模。

(4)如图(d1)所示，6 个"八棱锥台"三维建模：分别绕基体竖直、水平轴线【环形阵列】均布 4 个、阵列角 90°形成 6 个均布、对称的"八棱锥台"三维建模。

(5)如图(e1)所示，"斜面平台"三维建模：选择 3 个相邻的"八棱锥台"的 3 个顶点，确定【构造基准面】，绘制【草图】"六边形"(三条长、短边对应相等)，向内【拉伸增料】15——形成"斜面平台"三维建模。

(6)如图(f1)所示，对称的 4 个"斜面平台"三维建模：绕基体竖直轴线【环形阵列】均布 4 个、阵列角 90°——形成 4 个均布、对称的"斜面平台"三维建模。完成全部造型。

续表

> 造型亮点：
> (1) 基体为边长 66 的正方体，切掉 8 角（截面为相同的等边三角形）。
> (2) 基体 6 个侧面凸起 6 个相同的"正八棱锥台"。
> (3) 相邻三个"正八棱锥台"连成六边形——形成绕基体竖直轴线【环形阵列】均布、对称的 4 个"斜面平台"。

第三节 圆柱挖切创意

➡ 预备知识

平面截切圆柱产生的截交线形状有三种：圆、矩形、椭圆。

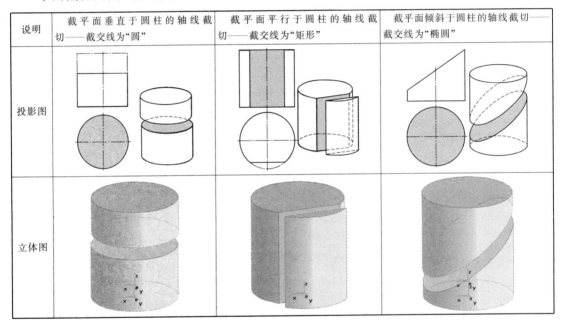

说明	截平面垂直于圆柱的轴线截切——截交线为"圆"	截平面平行于圆柱的轴线截切——截交线为"矩形"	截平面倾斜于圆柱的轴线截切——截交线为"椭圆"
投影图			
立体图			

【例 3-25】 根据立体的左、俯视图，补画主视图，画出截断面实形（量得椭圆长、短轴的尺寸），进行三维建模。

➡ 背景

造型设计中，遇到立体截切时，往往是先确定剪切面的位置，而不明确截切出的截面形状、尺寸。本例是按照所需截面投影的形状尺寸（$R33$ 的圆弧），再选择剪切面的精准位置。

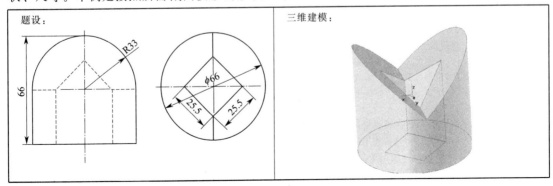

题设：

三维建模：

续表

答案：

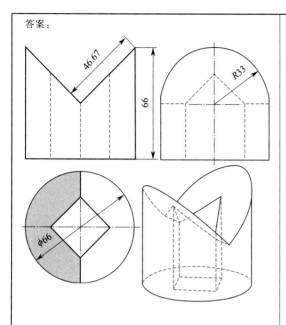

截断面实形：

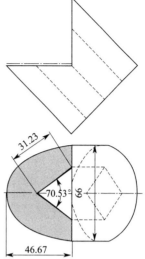

截交线（椭圆）：

长轴长度为 $46.67 \times 2 = 93.34$，短轴长度等于圆柱直径，为 66。

空间解析：如下图所示

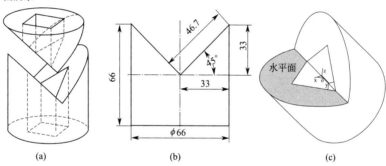

(a)　　　　　　　(b)　　　　　　　(c)

（1）如图（a）所示，若要在直径为 $\phi66$、高 66 的圆柱体上切得投影成 $R33$ 的圆弧，必须先确定剪切面的位置。

（2）如图（b）所示，按题设，左视图上方为 $R33$ 的圆弧，正好等于圆柱的半径（$R33$），由图解得知，截切面应与正面投影面垂直，还应与水平投影面、侧面投影面均倾斜 45°（其正面投影应反映真实角度 45°）。

（3）如图（c）所示，要获得断面实形，需将截断面变换成特殊位置（如水平面）。

造型流程：

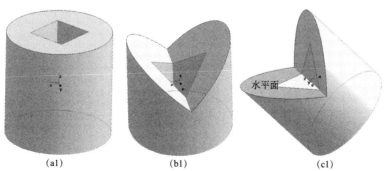

(a1)　　　　　　　(b1)　　　　　　　(c1)

（1）如图（a1）所示，基体（圆柱）三维建模：选择 XY 基准面，绘制【草图】$\phi66$、正方菱形 25.5×25.5，【拉伸增料】66，完成圆柱（方口）体造型。

（2）如图（b1）所示，"对称斜切"三维建模：选择 XZ 基准面，绘制【草图】左右对称的两条斜线（与水平线倾斜 45°），【拉伸

续表

除料】点击【贯穿】——完成"对称斜切"造型。
（3）如图(c1)所示，将截切面调整到水平面位置，即可获得断面实形（半个椭圆：长轴/2 为 46.67、短轴为 66）。

造型亮点： （1）机械造型往往要求精准。本例看似简单，其实蕴涵着"线、面分析"的基本功。通常，一般会先确定剪切面的位置，而不能预知截切面的精准形状尺寸。 （2）在机械造型中，有时需要按照给定的剪切面的形状及尺寸，逆向推理出剪切面的精准位置（这有时成为设计造型的棘手问题）。 （3）本例巧妙地运用了剪切面与正面投影面的特殊位置特征（两个剪切面均垂直于正面投影面），且与水平面和侧平面都倾斜 45°。

【例 3-26】 根据立体的主、俯视图，补画左视图，画出截断面实形（量得椭圆长、短轴的尺寸），进行三维建模。

→ **背景**

造型设计中，遇到立体截切时，往往是先确定剪切面的位置，而不明确截切出的截面形状及尺寸。本例是按照所需截面投影（主视图外形为边长 66 的等边三角形，俯视图外形为圆），再选择剪切面的精准位置。

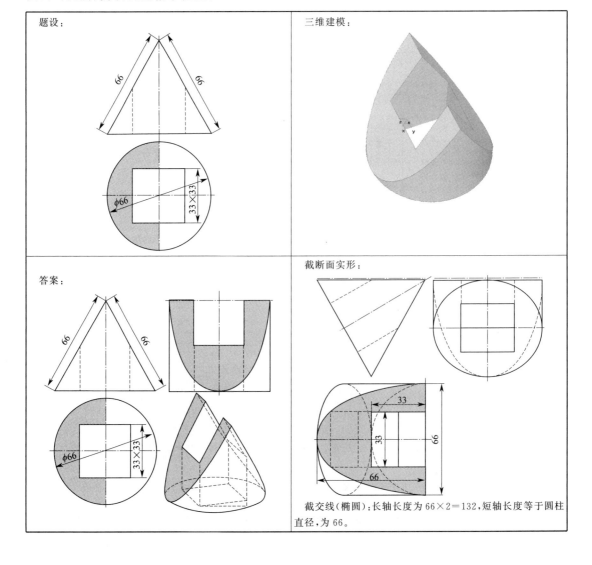

截交线（椭圆）：长轴长度为 66×2＝132，短轴长度等于圆柱直径，为 66。

续表

空间解析:如下图所示。
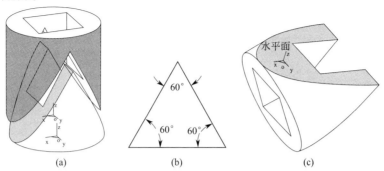
 (a)   (b)   (c)
  (1)如图(a)所示,主视图的外形轮廓,虽然是边长 66 的等边三角形,其实是三个与正面投影面垂直的平面(底面是圆形水平面、两侧是半个椭圆形正垂面)的积聚性投影。
  (2)如图(b)所示,由于等边三角形的顶角均为 60°,故两个剪切面应与水平投影面倾斜 60°(其正面投影应反映真实角度 60°)。
  (3)如图(c)所示,将断面变换成水平面,即可获得截断面的实形投影(半个椭圆),长轴 1/2 为 66,短轴为 66。

造型流程:
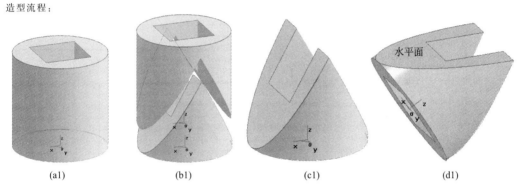
 (a1)   (b1)   (c1)   (d1)
  (1)如图(a1)所示,基体(圆柱菱形孔)三维建模:选择 XY 基准面,绘制【草图】ϕ66 圆、33×33 的正方菱形,【拉伸增料】66——形成基体(圆柱菱形孔)三维建模。
  (2)如图(b1)所示,"双斜切基体"三维建模:选择 XZ 基准面,绘制【草图】与水平线倾斜 60°的双斜线,【拉伸除料】点击【贯穿】——形成"双斜切基体"三维建模。
  (3)如图(c1)所示,获得正面投影为等边三角形(边长 66)的截切体三维建模。
  (4)如图(d1)所示,将断面变换成水平面,可以得到断面实形投影(截交线为椭圆,其正面投影反映椭圆长轴的实长;从图中可量得长轴的一半长度为 66,短轴长度应当与圆柱体直径 ϕ66 相等)。

造型亮点:
  (1)主视图外形虽然是边长 66 的等边三角形,其实是三个与正面投影面垂直的平面(底面是圆形水平面,两侧是半个椭圆形正垂面)的积聚性投影。
  (2)在机械造型中,有时需要按照给定的剪切面的形状及尺寸,逆向推理出剪切面的精准位置(这有时成为设计造型的棘手问题)。
  (3)本例巧妙地运用了剪切面与正面投影面的特殊位置特征(两个剪切面均垂直于正面投影面),其与水平面和侧平面都倾斜 45°。

【例 3-27】根据立体的主、俯视图,补画左视图,进行三维建模。

▶ 背景

    造型设计中,遇到立体截切时,往往是先确定剪切面的位置,而不明确截切出的截面形状及尺寸。本例是按照所需截面投影(主视图外形为高 33 的等腰三角形,俯视图外形为圆),再选择剪切面的精准位置。

题设：

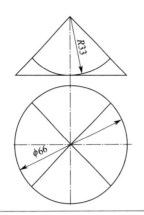

三维建模：

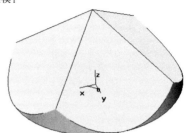

答案：

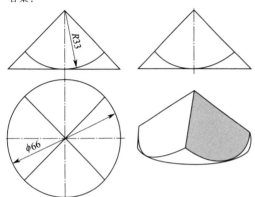

断面实形：

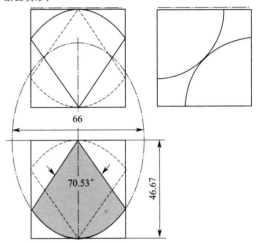

截交线(椭圆)：长轴 1/2 长度为 46.67，短轴长度等于圆柱直径，为 66，扇面夹角为 70.53°。

空间解析：

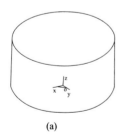

(a)

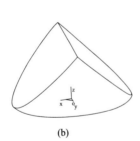

(b)

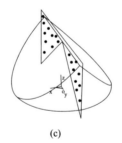

(c)

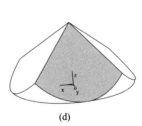

(d)

(1)如图(a)所示，本例基体为 ϕ66、高 33 的圆柱体。

(2)如图(b)所示，左右斜切两刀(与水平面夹角 45°)。

(3)如图(c)所示，前后再斜切两刀(与水平面夹角 45°)。

(4)如图(d)所示，完成造型(4 个相同的截切面)。

造型流程：

(1)如图(a1)所示，基体(圆柱)三维建模：选择 XY 基准面，绘制【草图】ϕ66 圆，【拉伸增料】33——形成圆柱体三维建模。

(2)如图(b1)所示，"左右双斜切"三维建模：选择 XZ 基准面，绘制【草图】双斜线(与水平面夹角 45°)，【拉伸除料】点击【贯穿】——形成"左右双斜切"三维建模。

(3)如图(c1)所示，"前后双斜切"三维建模：选择 YZ 基准面，绘制【草图】双斜线(与水平面夹角 45°)，【拉伸除料】点击【贯穿】——形成"前后双斜切"三维建模。

续表

(4)如图(d1)所示,形成 4 个相同的截切面(扇面),完成造型。

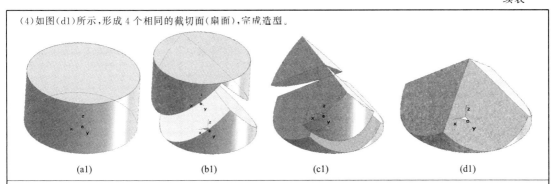

| (a1) | (b1) | (c1) | (d1) |

造型亮点:

(1)基体(圆柱面非圆锥)被截切后,使其正面、侧面投影为相同图形(高 33 的等腰三角形)。

(2)四个截切面均与水平面倾斜 45°。

(3)四段截交线的投影均为 $R33$。

【例 3-28】 根据立体的俯、左视图,补画主视图,进行三维建模。

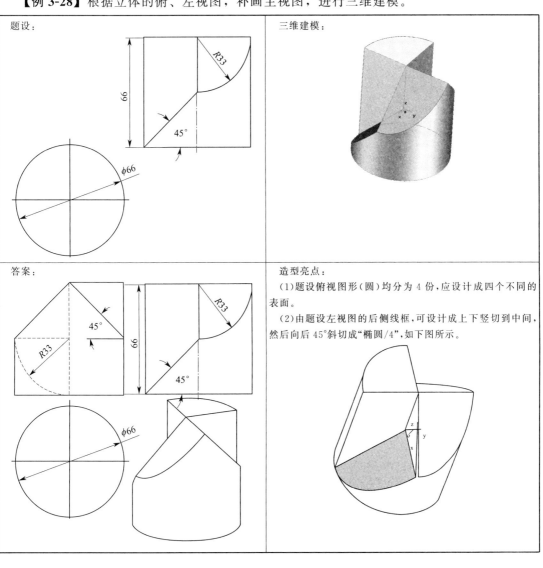

题设:

三维建模:

答案:

造型亮点:

(1)题设俯视图形(圆)均分为 4 份,应设计成四个不同的表面。

(2)由题设左视图的后侧线框,可设计成上下竖切到中间,然后向后 45°斜切成"椭圆/4",如下图所示。

续表

空间解析:

(1)本例基体为 φ66、高 66 的圆柱,然后从中间向前斜切两刀,如图(a)所示,从俯视图中可看出圆形被分成 4 部分。

(2)从题设左视图下方斜线可设计成从中间向后斜切,如图(b)所示,完成造型。

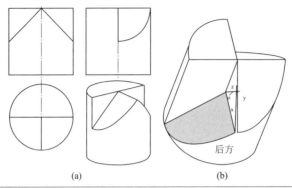

(a)　　　　　　　　　　(b)

造型流程:

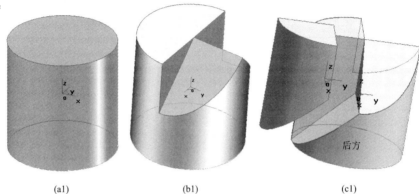

(a1)　　　　　　　(b1)　　　　　　　(c1)

(1)如图(a1)所示,圆柱基体三维建模:选择 XY 基准面,绘制【草图】φ66 圆,【拉伸增料】66——形成圆柱基体三维建模。

(2)如图(b1)所示,"前双斜切"三维建模:选择 XZ 基准面,绘制【草图】双斜线(与水平面倾斜 45°),向前【拉伸除料】40——形成前半部分,斜切两刀三维建模。

(3)如图(c1)所示,左后方,上竖下斜三维建模:选择 XZ 基准面,绘制【草图】上竖下斜(与水平面倾斜 45°),向后【拉伸除料】40——形成左后方,上竖下斜三维建模。

【例 3-29】根据立体的主、俯视图,补画左视图,进行三维建模。

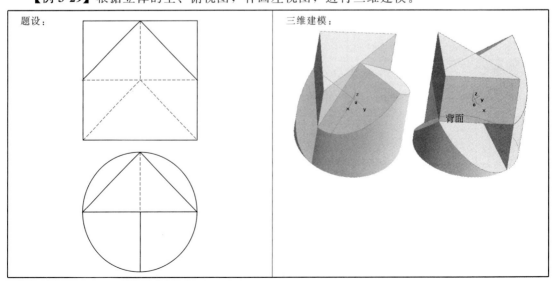

题设:

三维建模:

答案：

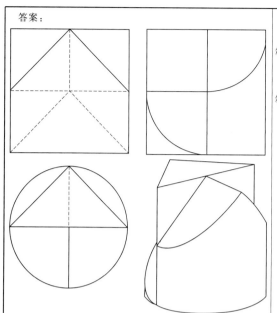

造型亮点：

(1)前上半部分斜切两刀(中间高、左右低，均与水平面倾斜45°)。

(2)后上半部分也斜切两刀(均与正面倾斜45°)。

(3)后下半部分也斜切两刀(后高前低，均与正面、水平面倾斜45°)。

空间解析：

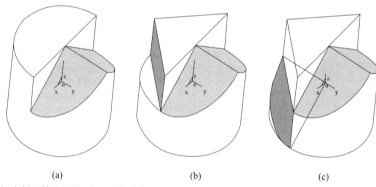

(a)　　　　　　　　　(b)　　　　　　　　　(c)

(1)如图(a)所示，本例基体为圆柱，前上半部分斜切两刀(中间高、左右低，均与水平面倾斜45°)。

(2)如图(b)所示，后上半部分也斜切两刀(均与正面倾斜45°)。

(3)如图(c)所示，后下半部分也斜切两刀(后高前低，均与正面、水平面倾斜45°)。

造型流程：

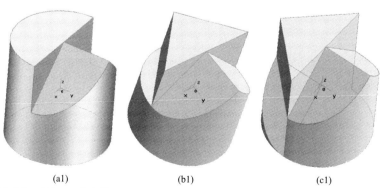

(a1)　　　　　　　　　(b1)　　　　　　　　　(c1)

(1)如图(a1)所示，"前双斜切"三维建模：选择 XZ 基准面，绘制【草图】双斜线(与水平面倾斜45°)，向前【拉伸除料】40——形成前半部分，斜切两刀三维建模。

(2)如图(b1)所示，后上半部分也斜切两刀(均与正面倾斜45°)。

(3)如图(c1)所示，后下半部分也斜切两刀(后高前低，均与正面、水平面倾斜45°)。

【例 3-30】根据立体的主视图（外形为边长 33 的正六边形），补画俯、左视图，进行三维建模。

➡ 背景

造型设计中，遇到立体截切时，往往是先确定剪切面的位置，而不明确截切出的截面形状及尺寸。本例是按照所需截面投影（主视图外形为边长 33 的正六边形，水平尺寸前缀为 ϕ），再选择剪切面的精准位置。

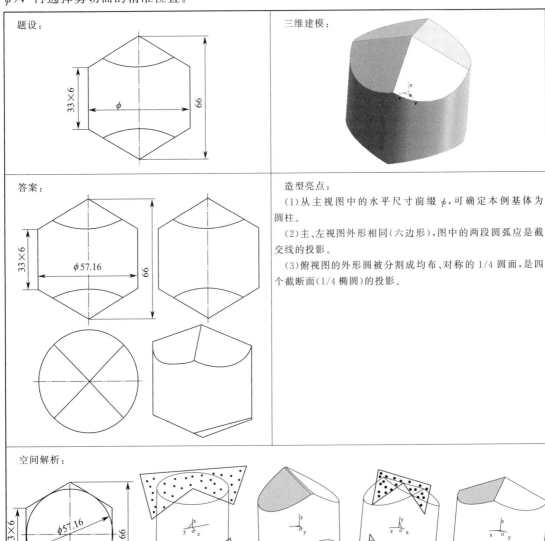

题设：

三维建模：

答案：

造型亮点：

(1)从主视图中的水平尺寸前缀 ϕ，可确定本例基体为圆柱。

(2)主、左视图外形相同（六边形），图中的两段圆弧应是截交线的投影。

(3)俯视图的外形圆被分割成均布、对称的 1/4 圆面，是四个截断面（1/4 椭圆）的投影。

空间解析：

(a)　　(b)　　(c)　　(d)　　(e)

(1)如图(a)所示，由图解得知，边长 33 的正六边形(顶高 66)，其内切圆直径为 $\phi57.16$，基体应为 $\phi57.16$、高 66 的圆柱。

(2)如图(b)所示，选择与水平面倾斜 30°的四个正垂面。

(3)如图(c)所示，左右切掉上下边角，获得截切圆柱体(能够复合主视图投影)。

(4)如图(d)所示，再选择与水平面倾斜 30°的四个侧垂面。

(5)如图(e)所示，前后切掉上下边角，获得截切圆柱体(能够复合俯、左视图投影)。

续表

造型流程：

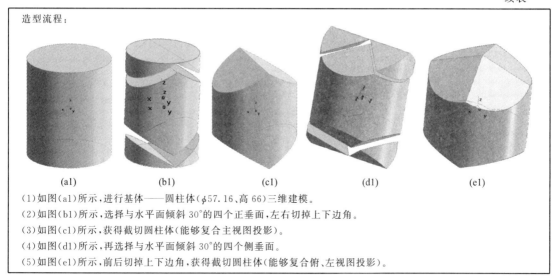

(a1)   (b1)   (c1)   (d1)   (e1)

(1)如图(a1)所示，进行基体——圆柱体(ϕ57.16、高66)三维建模。

(2)如图(b1)所示，选择与水平面倾斜30°的四个正垂面，左右切掉上下边角。

(3)如图(c1)所示，获得截切圆柱体(能够复合主视图投影)。

(4)如图(d1)所示，再选择与水平面倾斜30°的四个侧垂面。

(5)如图(e1)所示，前后切掉上下边角，获得截切圆柱体(能够复合俯、左视图投影)。

【例 3-31】 根据立体的主视图及尺寸，补画俯、左视图，求出断面实形，进行三维建模。

➡ 背景

造型设计中，遇到立体截切时，往往是先确定剪切面的位置，而不明确截切出的截面形状及尺寸。本例是按照所需截面投影（主视图外形为正八边形，水平尺寸前缀为 ϕ），再选择剪切面的精准位置。

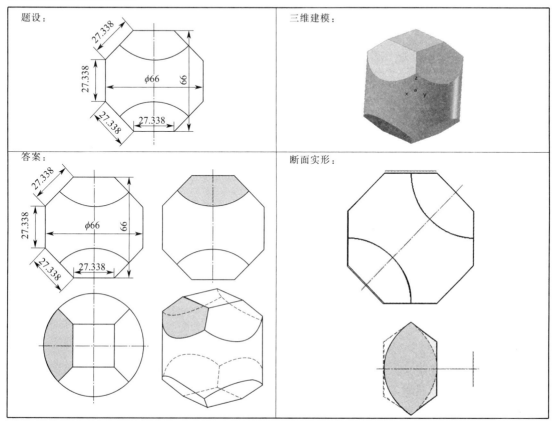

续表

空间解析:

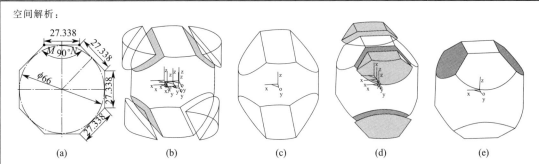

(a)　　　　(b)　　　　(c)　　　　(d)　　　　(e)

(1)如图(a)所示,从主视图中的尺寸 φ66 和高 66 ,可知基体应是圆柱体。由图解得知,基圆 φ66 的外切正八边形边长为 27.338;图中的 M、N 两点,可以确定截切面(正垂面)的位置。

(2)如图(b)所示,依据 M、N 两点,选择四个正垂面(与水平面倾斜 45°),左右、上下切掉四个角。

(3)如图(c)所示,可使主视图外轮廓成为 27.338×8 的正八边形。

(4)如图(d)所示,同理,选择四个侧垂面(也与水平面倾斜 45°),前后、上下切掉四个角。

(5)如图(e)所示,也可使左视图外轮廓成为 27.338×8 的正八边形,从而得到复合答案的三维建模。

造型流程:

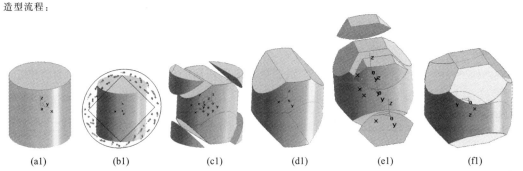

(a1)　　　　(b1)　　　　(c1)　　　　(d1)　　　　(e1)　　　　(f1)

(1)如图(a1)所示,基体(圆柱体)三维建模:选择 XY 基准面,绘制【草图】φ66 圆,双向【拉伸增料】66——生成圆柱体三维建模。

(2)如图(b1)所示,依据 M、N 两点定位,设置四个截切面(与水平面倾斜 45°的正垂面)。

(3)如图(c1)所示,左右、上下切掉周边部分。

(4)如图(d1)所示,确保其主视图外轮廓为正八边形。

(5)如图(e1)所示,再设置四个截切面(与水平面倾斜 45°的侧垂面)前后、上下切掉周边部分,确保其左视图外轮廓为正八边形。

(6)如图(f1)所示,最终获得三维建模——答案。

造型亮点:

(1)本例基体为圆柱,且主、左视图外形相同(正八边形)。

(2)俯视图中间的正方形(边长 27.338)是确定截切面位置的依据。

(3)本例巧妙地切掉上下、左右、前后八个角后,形成主、左视图的外轮廓成正八边形。

【例 3-32】根据立体的主、俯视图,补画左视图,画出截断面实形、标注尺寸,进行三维建模。

→ **背景**

造型设计中,遇到立体截切时,往往是先确定剪切面的位置,而不明确截切出的截面形状及尺寸。本例是按照所需截面投影(主视图为正五边形,俯视图外形为直径 φ33 的圆),再选择剪切面的精准位置。

题设：

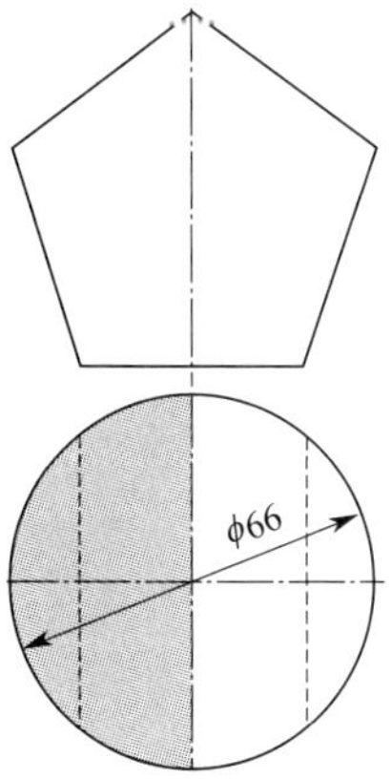

三维建模：

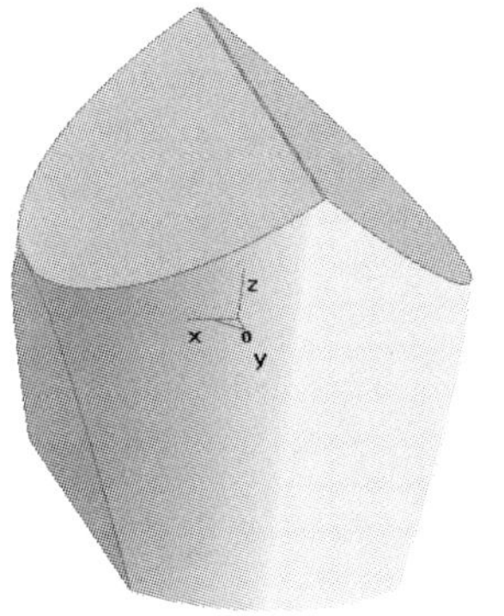

答案：

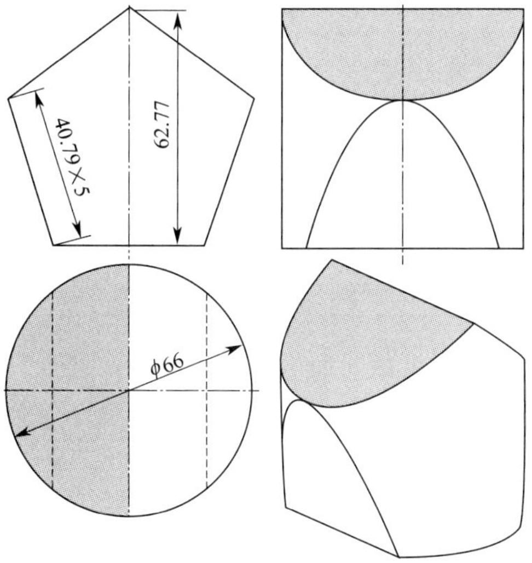

φ66

40.79×5

62.77

φ66

截断面实形：

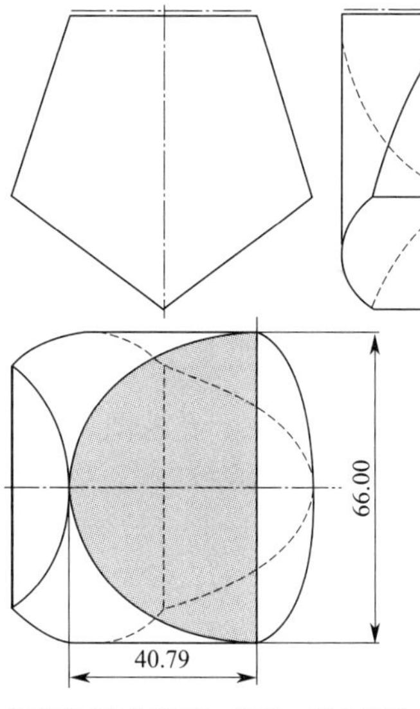

66.00

40.79

截交线（半个椭圆）：长轴一半长度为 40.79，短轴长度为 66

空间解析：

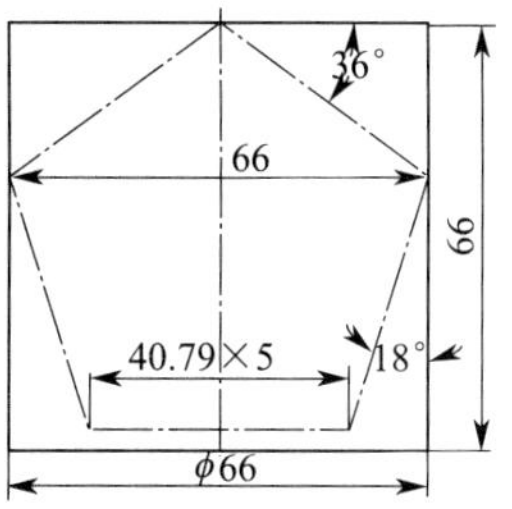

36°

66

66

40.79×5

18°

φ66

(a)

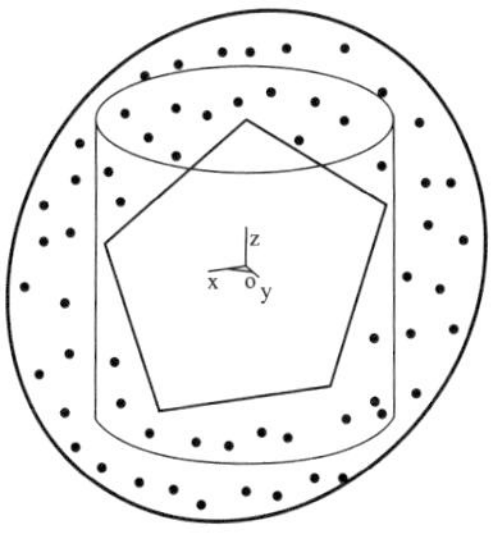

(b)

水平面

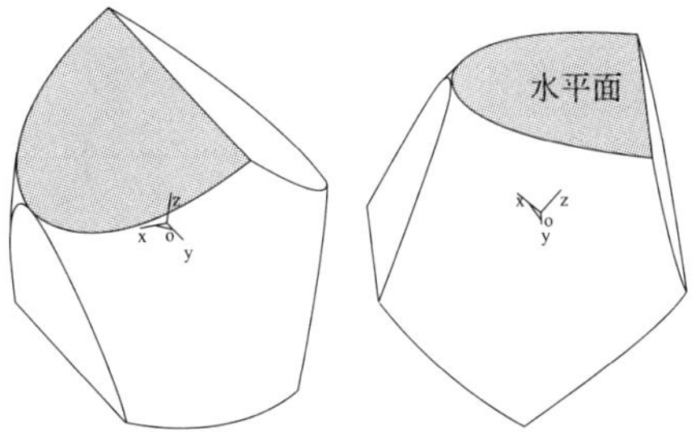

(c)

(1) 如图（a）所示，若要在直径为 φ66、高为 66 的圆柱体上切得正五边形的正面投影，必须先确定剪切面的位置（正五边形的顶点过圆柱顶面的圆心，倾斜 36° 斜切，边长为 40.79）。

(2) 如图（b）所示，过圆柱顶面圆心，设置四个正垂面和一个水平面（中间镂空出边长 40.79 的正五边形），截切掉外侧边角。

(3) 如图（c）所示，获得被五个面截切后的中间部分；将阴影断面变换成水平面，其水平投影即能反映实形。

续表

造型流程：

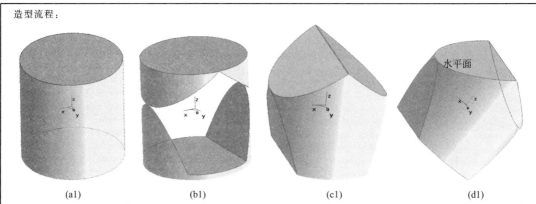

| (a1) | (b1) | (c1) | (d1) |

（1）如图（a1）所示，进行基体（圆柱体）的三维建模：选择 XY 基准面，绘制【草图】ϕ66 圆【拉伸增料】66——生成圆柱体三维建模。

（2）如图（b1）所示，设置四个正垂面和一个水平面切掉外侧边角（图中显示了应切掉的部分）。

（3）如图（c1）所示，保留的中间部分即是所需三维建模。

（4）如图（d1）所示，将阴影断面变换成水平面，其水平投影即能反映实形。

造型亮点：

（1）一般会先确定剪切面的位置，而不能预知截切面的精准形状尺寸。

（2）在机械造型中，有时需要按照给定的剪切面的形状及尺寸，逆向推理出剪切面的精准位置（这有时成为设计造型的棘手问题）。

（3）本例巧妙地运用了剪切面与正面投影面的特殊位置特征（五个剪切面均垂直于正面投影面）。

（4）本例，正五边形的对角线长必须为 66（等于圆柱的直径），可计算出正五边形的边长为 40.79，如图（a）所示。

【例 3-33】 根据立体的主、左视图，补画俯视图，画出截断面（阴影）实形，进行三维建模。

→ **背景**

组合截交线是立体被多刀截切产生的，截切面位置的确定，往往是造型设计的关键。截断面实形也是不少场合需要解决的。

题设：	三维建模：
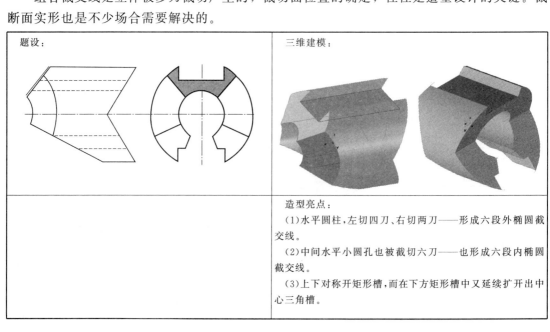	
	造型亮点： （1）水平圆柱，左切四刀、右切两刀——形成六段外椭圆截交线。 （2）中间水平小圆孔也被截切六刀——也形成六段内椭圆截交线。 （3）上下对称开矩形槽，而在下方矩形槽中又延续扩开出中心三角槽。

续表

答案：

截断面实形：

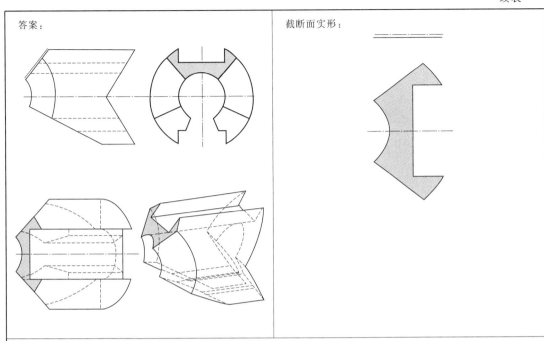

空间解析：

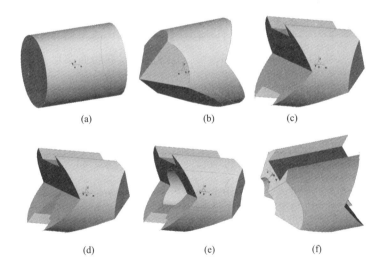

（a）　　　　　　（b）　　　　　　（c）

（d）　　　　　　（e）　　　　　　（f）

（1）如图（a）所示，本例基体为圆柱体。

（2）如图（b）所示，圆柱体左端截切四刀（前后对称斜切两刀、上下斜切两刀不对称），右端斜切两刀上下对称。

（3）如图（c）所示，圆柱体上下两端开对称的矩形槽。

（4）如图（d）所示，圆柱体下部矩形槽，延续至中心，再开三角形槽。

（5）如图（e）所示，圆柱体中部，开水平圆孔。

（6）如图（f）所示，需要求出圆柱左上斜截面（阴影）实形。

续表

造型流程：

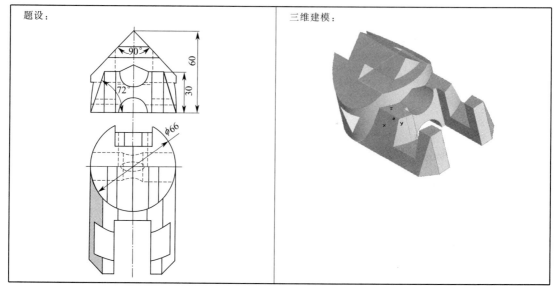

(a1)　　　　　　　　(b1)　　　　　　　　(c1)

(d1)　　　　　　　　(e1)　　　　　　　　(f1)

(1)如图(a1)所示，基体(水平圆柱)造型：选择 YZ 基准面，绘制【草图】ϕ66 圆，双向【拉伸增料】80——生成水平圆柱造型。

(2)如图(b1)所示，圆柱左端斜切四刀造型：选择 XZ 基准面，上下不对称斜切两刀(上斜刀与水平面倾斜角度大些)；选择 XY 基准面，前后对称斜切两刀。

(3)如图(c1)所示，上下矩形槽造型：选择 XZ 基准面，绘制【草图】两个对称的相同矩形，双向【拉伸增料】30，完成上下矩形造型。

(4)如图(d1)所示，圆柱右端中心三角槽造型：选择圆柱右侧面为基准面，连接中心和矩形槽外两个端点，形成【草图】，【拉伸除料】点击【贯穿】——完成中心三角槽造型。

(5)如图(e1)所示，圆柱右端 V 形槽造型：选择 XZ 基准面，绘制 V 形【草图】，点击【贯穿】——完成上下对称切 V 形槽造型。

(6)如图(f1)所示，水平中心圆孔造型：选择 YZ 基准面，绘制【草图】ϕ30 圆，点击【贯穿】——完成水平中心圆孔造型。

【例 3-34】 根据立体的主、俯视图，补画左视图，画出截断面实形，进行三维建模。

→ 背景

造型设计中，遇到需要精确求出具有截交线（曲线）的截面实形时，其作图精度当属关键。

题设：	三维建模：

续表

答案：

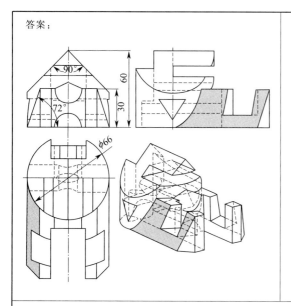

截断面实形：

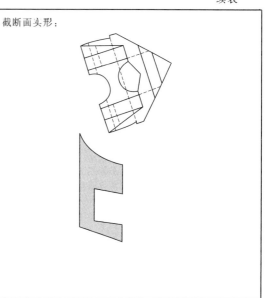

空间解析：

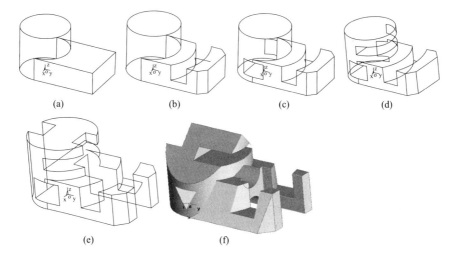

（1）如图（a）所示，本例基体为圆柱及矩形底板。

（2）如图（b）所示，矩形底板前端倒角、中部开圆弧槽。

（3）如图（c）所示，圆柱底部开矩形孔左右穿透。

（4）如图（d）所示，圆柱上部开半圆槽至中心。

（5）如图（e）所示，基体前后开矩形槽，上下穿通。

（6）如图（f）所示，左右斜切圆柱、底板；求出底板斜切断面（阴影）实形。

造型流程：

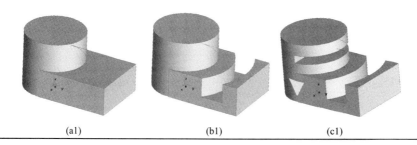

续表

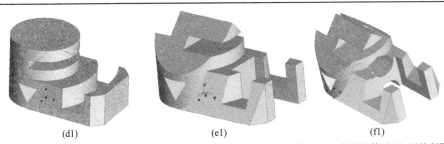

(d1)   (e1)   (f1)

(1)如图(a1)所示,基体造型:选择 XY 基准面,绘制【草图】φ66 圆,【拉伸增料】60,完成圆柱体造型;再绘制【草图】矩形(长 66、宽 78)与圆相切,【拉伸增料】30,完成底板造型。

(2)如图(b1)所示,底板上的弧形槽造型:选择底板顶面为基准面,绘制【草图】R70,R50 圆弧,点击【实体边界】选中底板左右边,剪裁成封闭线框,【拉伸除料】20,完成弧形槽造型。

(3)如图(c1)所示,三角孔和半圆槽造型:选择 YZ 基准面,绘制【草图】三角形和矩形,【拉伸除料】,点击【贯穿】,完成造型。

(4)如图(d1)所示,倒角造型:点击底板前面左右边,选择【倒角】指令,输入 10,确定。

(5)如图(e1)所示,圆柱斜切、底板斜切、前后开矩形槽造型:选择 XZ 基准面,绘制【草图】左右对称斜线(与水平面倾斜 45°)形成封闭线框,【拉伸除料】贯穿,完成圆柱斜切造型;再选择底板前面为基准面,绘制【草图】左右对称斜线(与水平面倾斜 72°)形成封闭线框,【拉伸除料】点击【拉伸到面】,再选择圆柱曲面,完成底板斜切造型;选择 XY 基准面,绘制两个矩形线框,【拉伸除料】贯穿,完成前后矩形槽造型。

(6)如图(f1)所示,中部前后穿通上尖下圆孔、下部半圆槽造型:选择底板中间矩形槽后面为基准面,绘制【草图】"上尖下圆"及下部"半圆"封闭线框,【拉伸除料】贯穿,完成上尖下圆孔、下部半圆槽造型。

造型亮点:
(1)本例基体为圆柱及与之相切的矩形底板。
(2)圆柱体被左右对称的斜面(与水平面倾斜 45°)截切形成左右对称的部分椭圆截交线;矩形底板也被左右对称的斜面(与水平面倾斜 72°)截切,与圆柱体曲面相交形成左右对称的部分椭圆截交线。
(3)左右穿透的三角形孔与前后穿透的上尖下圆孔及半圆槽截交,分别形成各自的内截交线。

【例 3-35】 根据立体的主、俯、左视图,补画主视图中的漏线,画出截断面实形,进行三维建模。

→ 背景

造型设计中,遇到需要精确求出具有截交线(曲线)的截面实形时,其作图精度当属关键。

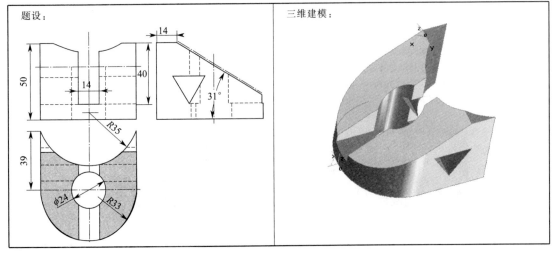

题设: 三维建模:

14   50   40   14   31°   R35   39   φ24   R33

续表

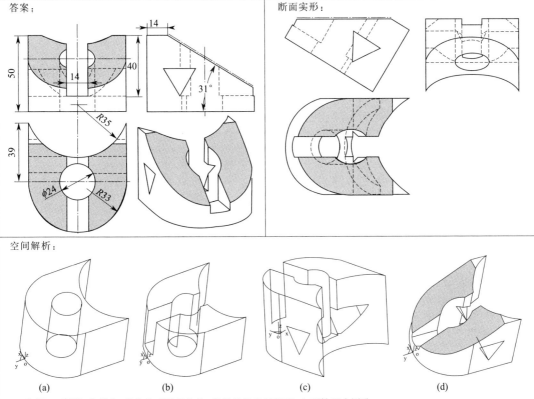

答案：

断面实形：

空间解析：

(a)　　　　　(b)　　　　　(c)　　　　　(d)

(1)如图(a)所示,本例中,基体为半圆长方体,后侧挖切出圆弧面,上下钻通小圆孔。

(2)如图(b)所示,前后开通矩形槽。

(3)如图(c)所示,左右开通三角形孔。

(4)如图(d)所示,后高、前低"斜切"面。

造型流程：

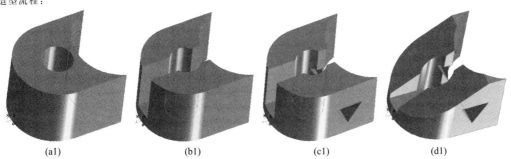

(a1)　　　　　(b1)　　　　　(c1)　　　　　(d1)

(1)基体"半圆长方体"三维建模:选择 XY 基准面,绘制如图(a1)所示【草图】,【拉伸增料】50——生成"半圆长方体"(后侧为圆弧面)三维建模。

(2)如图(b1)所示,"矩形槽"三维建模:选择基体顶面为基准面,绘制【草图】矩形,【拉伸除料】40——生成"矩形槽"三维建模。

(3)如图(c1)所示,左右通"三角形孔"三维建模:选择 YZ 基准面,绘制【草图】三角形,【拉伸除料】点击【贯穿】——生成左右通"三角形孔"三维建模。

(4)如图(d1)所示,后高、前低"斜切面"三维建模:选择 YZ 基准面,绘制【草图】斜线(31°)三角形,【拉伸除料】点击【贯穿】——生成后高、前低"斜切面"三维建模。

造型亮点：

(1)后高、前低"斜切"面与后侧圆弧面、中间小圆孔、前侧半圆面截交——产生的三处截交线均为椭圆弧。

(2)前后开通矩形槽与后侧圆弧面、中间小圆孔、前侧半圆面以及三角形孔产生的四处截交线——均为直线形。

(3)三角形孔与中间小圆孔及后侧圆弧面截交——产生的多处截交线(形状多样)。

【例 3-36】 根据立体的主、俯视图及尺寸，补画左视图，画出截断面实形及尺寸，进行三维建模。

→ **背景**

造型设计中，遇到需要精确求出具有截交线（曲线）的截面实形时，其作图精度当属关键。

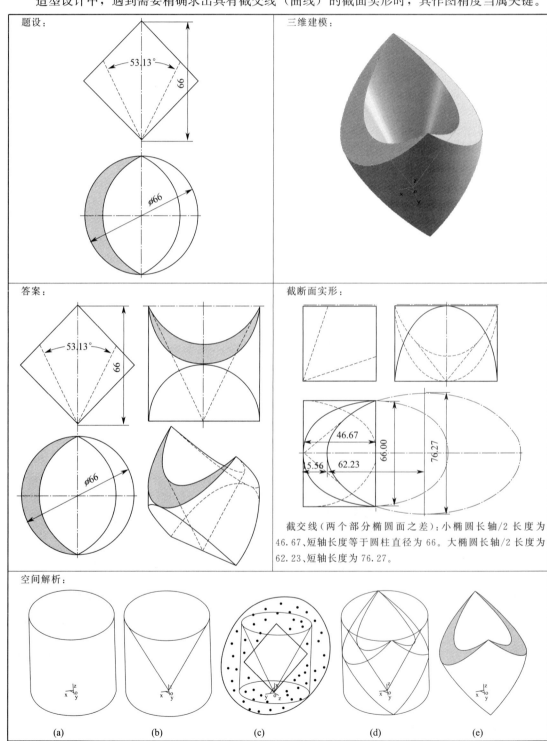

截交线（两个部分椭圆面之差）：小椭圆长轴/2 长度为46.67、短轴长度等于圆柱直径为 66。大椭圆长轴/2 长度为62.23、短轴长度为 76.27。

续表

（1）如图（a）所示，从主、俯视图中的尺寸高 66、φ66，可知该基体应是圆柱。

（2）如图（b）所示，从顶面挖"倒圆锥孔"（顶圆直径为 φ66，尖角为 53.13°）。

（3）如图（c）所示，从顶、底面的圆心起，选择与水平面倾斜 45°的四个正垂面（正面迹线相交成如图中的正方形）。

（4）如图（d）所示，切掉四个边角（保留中间部分）。

（5）如图（e）所示，获得三维建模（答案）。

造型流程：图解法。

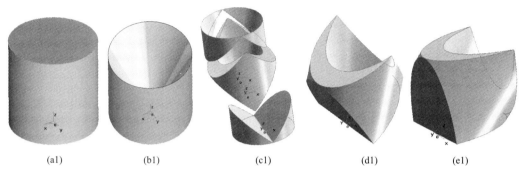

| (a1) | (b1) | (c1) | (d1) | (e1) |

（1）如图（a1）所示，圆柱体三维建模（φ66、高 66）。

（2）如图（b1）所示，从圆柱体顶面挖"倒圆锥孔"（顶圆直径 φ66，尖角为 53.13°）。

（3）如图（c1）所示，选择与水平面倾斜 45°的四个正垂面，切掉四个边角（保留中间部分）。

（4）如图（d1）所示，获得三维建模（答案）。

（5）如图（e1）所示，若将断面变换成水平面，其水平投影即可反映实形。

造型亮点：

（1）从题设主视图所标注的尺寸看，投影外形为正方形，俯视图外形为圆，尺寸前缀为 φ，说明本例基体为圆柱。

（2）在机械造型中，常规是根据剪切面的精准位置，求出剪切面的投影，还要求得截切面的精准形状及尺寸，特别是截交线的形状及尺寸。

（3）本例巧妙地运用了剪切面的特殊位置特征（四个正垂面）——与水平面都倾斜 45°。

（4）圆柱基体，钻"倒圆锥孔"（尖角 53.13°），再被四个正垂面截切（使主视图外轮廓成正方形），形成本例造型特色。

第四节　圆锥挖切创意

➜ 预备知识

平面截切圆锥产生的截交线形状有五种：圆、椭圆、等腰三角形、双曲线、抛物线。

说明	投影图	立体图
截平面垂直于圆锥的轴线截切——截交线为"圆"	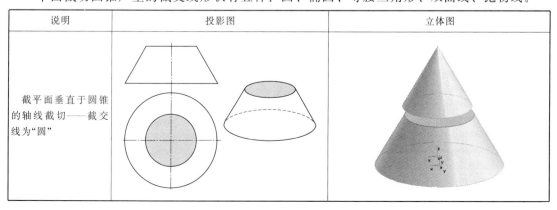	

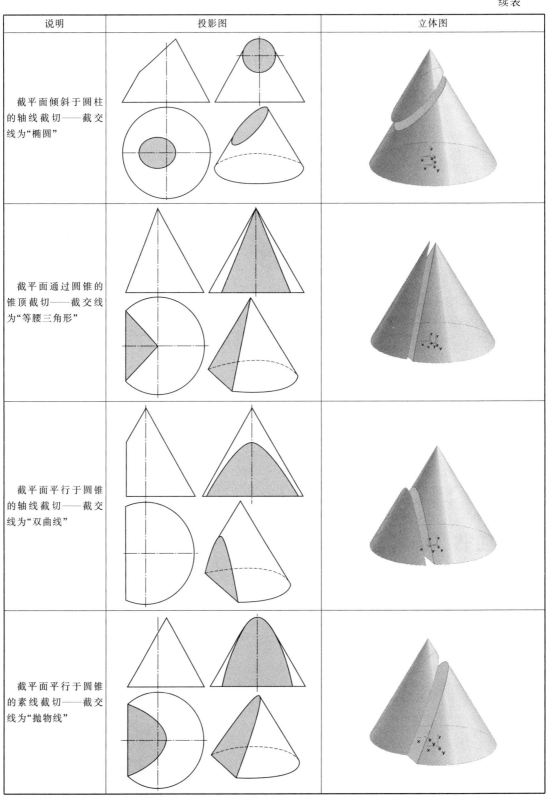

说明	投影图	立体图
截平面倾斜于圆柱的轴线截切——截交线为"椭圆"		
截平面通过圆锥的锥顶截切——截交线为"等腰三角形"		
截平面平行于圆锥的轴线截切——截交线为"双曲线"		
截平面平行于圆锥的素线截切——截交线为"抛物线"		

【例 3-37】根据立体的主、俯视图，补画左视图，进行三维建模。

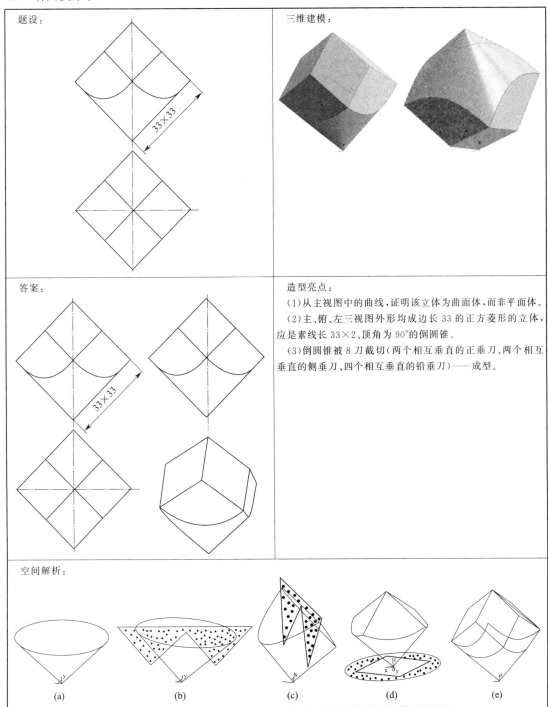

背景

切割体造型设计中，需要解析出三方面内容：（1）基体造型；（2）剪切面的精准位置；（3）断面实形。

题设：

33×33

三维建模：

答案：

33×33

造型亮点：

(1)从主视图中的曲线,证明该立体为曲面体,而非平面体。

(2)主、俯、左三视图外形均成边长 33 的正方菱形的立体,应是素线长 33×2、顶角为 90°的倒圆锥。

(3)倒圆锥被 8 刀截切(两个相互垂直的正垂刀、两个相互垂直的侧垂刀、四个相互垂直的铅垂刀)——成型。

空间解析：

(a)　　　　　(b)　　　　　(c)　　　　　(d)　　　　　(e)

(1)如图(a)所示,题设主、俯视图外形虽为边长 33 的正方形,但主视图中的曲线说明基体为倒圆锥。

(2)如图(b)所示,选择与水平面倾斜 45°的两个正垂面,左右切去边角。

(3)如图(c)所示,再选择与水平面倾斜 45°的两个侧垂面,前后切去边角。

续表

（4）如图（d）所示，再选择与正面倾斜45°的四个铅垂面，切去四周边角。

（5）如图（e）所示，最终获得倒圆锥截切体，其主、俯、左视图外形均成边长33的正方菱形。

造型流程：

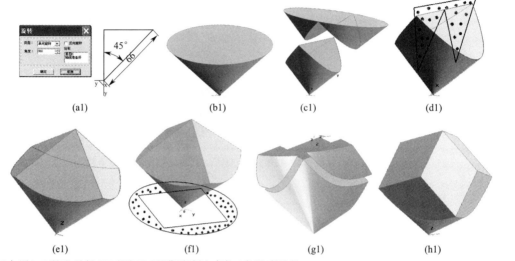

(a1)　(b1)　(c1)　(d1)

(e1)　(f1)　(g1)　(h1)

（1）如图（a1）所示，选择 XZ 基准面，画【草图】倒立直角三角形（斜边长66）。

（2）如图（b1）所示，以竖直角边为轴【旋转增料】360°——形成倒立圆锥（基体三维建模）。

（3）如图（c1）所示，选择 XZ 基准面，画【草图】左右对称的两条边（与水平面倾斜45°），组成封闭线框，切去左右边角。

（4）如图（d1）所示，再选择 YZ 基准面，画【草图】前后对称的两条斜边（与水平面倾斜45°），组成封闭线框，切去前后边角。

（5）如图（e1）所示，获得复合主、左视图的截切倒圆锥。

（6）如图（f1）所示，再选择 XY 基准面，画【草图】边长33的正方菱形。

（7）如图（g1）所示，【拉伸除料】点击【贯穿】，切去四周边角——使俯视图外框也成为正方棱形。

（8）如图（h1）所示，最终获得倒圆锥截切体——其主、俯、左视图外形成边长33的正方菱形。

【例 3-38】根据立体的主、俯视图，补画左视图，进行三维建模。

→ 背景

切割体造型设计中，需要解析出三方面内容：（1）基体造型；（2）剪切面的精准位置；（3）断面实形。

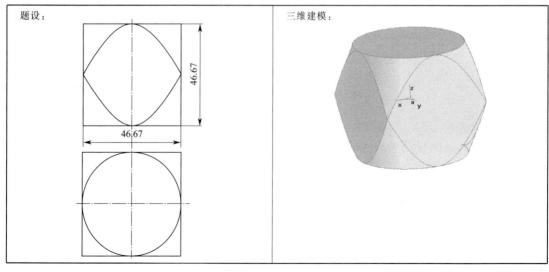

续表

答案.

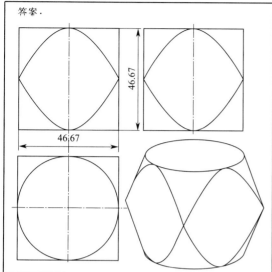

造型亮点：

（1）本例，基体应为上下对称的圆锥台（高 46.67、圆锥角 22.5°）。

（2）基体被六个截切面剪切（六个截切面正好是正六面体的侧面）。

（3）本例是通过正六面体尺寸（46.67×46.67×46.67）确定其外接圆直径为 $\phi66$，然后确定了圆锥角为 22.5°。

空间解析：

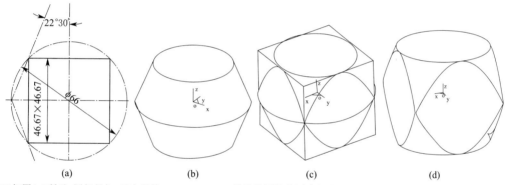

|(a)|(b)|(c)|(d)|

（1）如图（a）所示，图解得知，正方形体（46.67×46.67）的外接圆锥底圆直径为 $\phi66$、锥度为 22.5°。

（2）如图（b）所示，由题设中，主、俯视图外框为相同的正方形，而主视图内部为双曲线，俯视图内部为圆，应认为基体是两个上下对称的圆锥台。

（3）如图（c）所示，被正六面体（46.67×46.67×46.67）的 4 个侧面恰当地截切掉周边。

（4）如图（d）所示，被 4 刀（两个正平面、两个侧平面）截切后，获得所求立体三维建模。

造型流程：

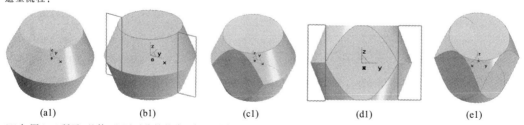

|(a1)|(b1)|(c1)|(d1)|(e1)|

（1）如图（a1）所示，基体（上下对称棱锥台）造型：选择 XY 基准面，绘制【草图】$\phi66$，双向【拉伸增料】46.67，添加【拔模斜度】22.5°——生成高 46.67、上下对称的圆锥台。

（2）如图（b1）所示，选择 XZ 基准面，绘制【草图】高 46.67 的四边形，【拉伸除料】点击【贯穿】；剪切掉周边。

（3）如图（c1）所示，基体被截切后，生成前后双曲线截切面。

（4）如图（d1）所示，再选择 YZ 基准面，绘制【草图】高 46.67 的四边形，【拉伸除料】点击【贯穿】；剪切掉周边。

（5）如图（e1）所示，基体被截切后，形成所求立体三维建模。

【例 3-39】 根据立体的主、俯视图，补画左视图，进行三维建模。

→ **背景**

切割体造型设计中，需要解析出三方面内容：
（1）基体造型；（2）剪切面的精准位置；（3）断面实形。

题设：

三维建模：

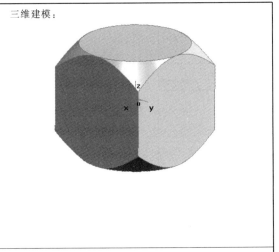

答案：

造型亮点：
（1）题设中，虽然主、俯视图外框均为边长 33 的正方形，但主视图形内部是上下对称的两段曲线（双曲线），而俯视图是正方形＋内切圆，说明基体为上下对称的圆锥（台）。
（2）4 个竖直截切面（两个正平面、两个侧平面）均与 φ33 圆面垂直、相切。
（3）4 段截交线均与上下圆面垂直、相切。

空间解析：

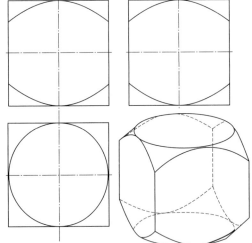

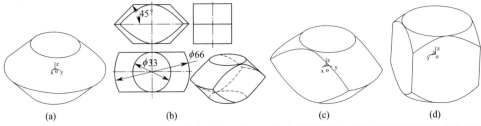

| (a) | (b) | (c) | (d) |

（1）如图（a）所示，题设中，虽然主、俯视图外框均为边长 33 的正方形，但主视图形内部是上下对称的两段曲线（双曲线），而俯视图形为"方中圆"，说明基体为上下对称的圆锥台。
（2）如图（b）所示，图解得知，圆锥台底圆直径为 φ66，锥度为 45°。
（3）如图（c）所示，基体（上下对称的圆锥台）被前后两个正平面（与 φ33 相切）截切后，产生上下对称的截交线（双曲线）。
（4）如图（d）所示，在被左右对称的侧平面（与 φ33 相切）截切后，产生左右对称的截交线（双曲线）——满足造型要求。

续表

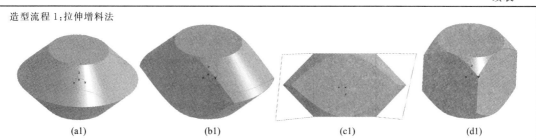

造型流程 1:拉伸增料法

(a1)　　　　　　(b1)　　　　　　(c1)　　　　　　(d1)

(1)如图(a1)所示,基体(上下对称的圆锥台)三维建模:选择【XY 基准面】,绘制【草图】ϕ66 圆,双向【拉伸增料】33,添加【拔模斜度】45°——完成基体造型。

(2)如图(b1)所示,选择 XZ 基准面,绘制【草图】边长 33 的正方形,【拉伸除料】点击【贯穿】——前后面,形成对称的截交线(双曲线)。

(3)如图(c1)所示,再选择 YZ 基准面,绘制【草图】两条垂直边长 33 的两个封闭线框。

(4)如图(d1)所示,【拉伸除料】点击【贯穿】——完成全部造型(前后、左右产生对称的双曲线)。

造型流程 2:旋转增料法

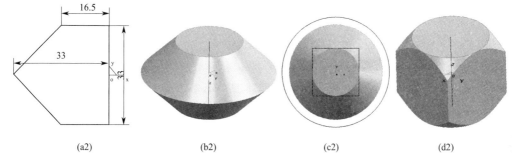

(a2)　　　　　　(b2)　　　　　　(c2)　　　　　　(d2)

(1)选择 XZ 基准面,绘制如图(a2)所示【草图】。

(2)如图(b2)所示,绕轴线【旋转增料】360°——生成上下对称圆锥台。

(3)如图(c2)所示,选择 XY 基准面,绘制【草图】33×33 正方形和大于 ϕ66 的圆。

(4)如图(d2)所示,【拉伸除料】,点击【贯穿】——生成 4 个截切面(与 ϕ33 圆相切)。

【例 3-40】 根据立体的主、俯视图及尺寸,补画左视图,进行三维建模。

➜ 背景

切割体造型设计中,需要解析出三方面内容:(1) 基体造型;(2) 剪切面的精准位置;(3) 断面实形。

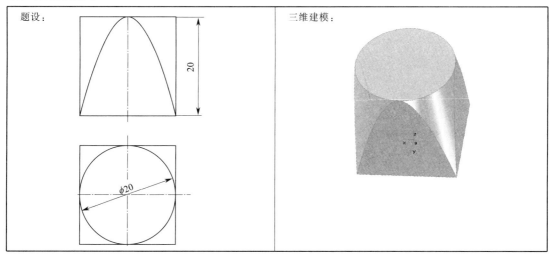

题设:

三维建模:

续表

答案:	造型亮点:
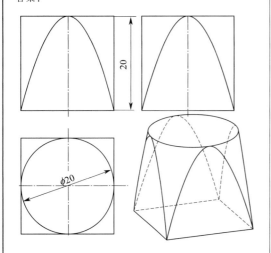	(1)如图(a)所示,根据俯视图的尺寸 $\phi20$ 的外切正方形,图解出其外接圆的直径为 $\phi28$。 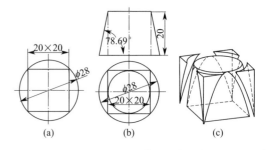 (2)如图(b)所示,图解获得基体圆锥台的高度为 20、底角为 78.69°。 (3)如图(c)所示,圆锥台与正方体(20×20)的交集,获得造型。

空间解析1:

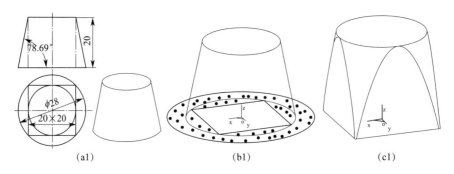

(1)如图(a1)所示,图解量得基体圆锥底圆直径为 $\phi28$;圆锥台高 20、底角为 78.69°。

(2)如图(b1)所示,在圆锥底面,绘制内接正方形 20×20。

(3)如图(c1)所示,沿着内接正方形的四边,竖直切去四周,获得所需造型。

空间解析2:

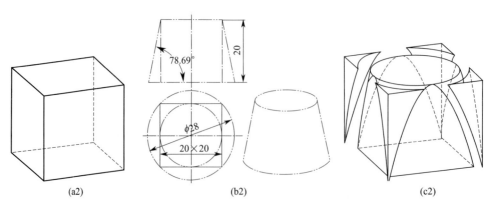

(1)如图(a2)所示,基体为边长 28 的正方体。

(2)如图(b2)所示,虚基体为直径 $\phi28$、高 20、底角 78.69°的圆锥台。

(3)如图(c2)所示,以正方体中垂线为轴,旋转切出圆锥(底角 78.69°)弧面。

续表

造型流程 1：

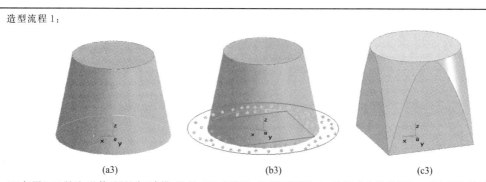

(a3)　　　　　　　　　　(b3)　　　　　　　　　　(c3)

（1）如图（a3）所示，基体（圆锥台）建模：选择 XY 基准面，绘制【草图】$\phi 28$ 的圆，【拉伸增料】20，添加【拔模斜度】11.31°（90°—78.69°）完成圆锥台造型。

（2）如图（b3）所示，选择 XY 基准面，绘制【草图】正方形 20×20 及大于 $\phi 28$ 的圆。

（3）如图（c3）所示，【拉伸除料】20，完成全部造型。

造型流程 2：

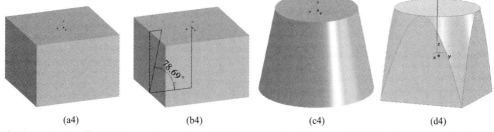

(a4)　　　　　　　(b4)　　　　　　　(c4)　　　　　　　(d4)

（1）如图（a4）所示，基体（28×28、高 20 的立体）三维建模：选择 XY 基准面，绘制【草图】边长 28 的正方形，【拉伸增料】20——完成基体建模。

（2）按图（b4）所示，选择 XZ 基准面，绘制【草图】倒直角三角形（与中轴线夹角 78.69°）。

（3）如图（c4）所示，【旋转除料】360°——旋转切出顶圆为 $\phi 20$、高 20 的圆锥。

（4）如图（d4）所示，选择 XZ 基准面，绘制【草图】正方形 20×20 及大于 $\phi 28$ 的圆；【拉伸除料】20，完成全部造型。

【例 3-41】根据立体的主、俯视图及尺寸，补画左视图，求断面（阴影）实形，进行三维建模。

▶ 背景

切割体造型设计中，需要解析出三方面内容：（1）基体造型；（2）剪切面的精准位置；（3）断面实形。

题设：　　　　　　　　　　　　　　　　　三维建模：

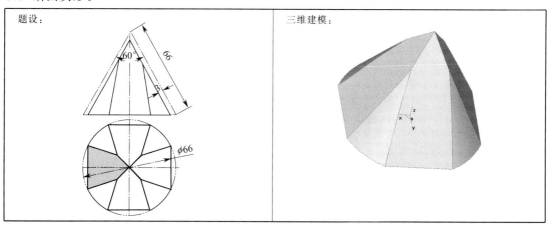

续表

答案：　　　　　　　　　　　　　　　　　　　　断面实形：

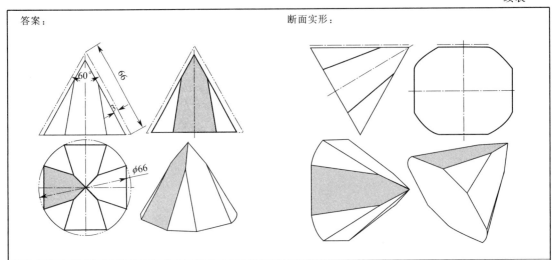

造型亮点：

(1)本例基体为底圆直径为 $\phi66$、素线长 66、顶角为 60°的圆锥。

(2)四个截断面(两个正垂面和两个侧垂面)均与圆锥的素线平行且距离 3mm，形成的截交线为对称的四条抛物线。

(3)四个截断面的交线为四段直线段(其水平投影相互垂直)。

空间解析：

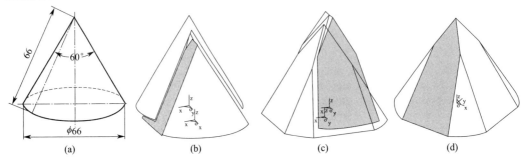

(1)如图(a)所示，基体为底圆直径为 $\phi66$、素线长 66、顶角为 60°的圆锥。

(2)如图(b)所示，设置与圆锥最左最右素线平行，且距离 3mm 的两正垂面，切掉左右周边。

(3)如图(c)所示，再设置与圆锥最前最后素线平行，且距离 3mm 的两侧垂面，切掉前后周边。

(4)如图(d)所示，对称的四个截断面的边线应为"抛物线"，而断面两两相交，又产生了四条直线段。

造型流程：

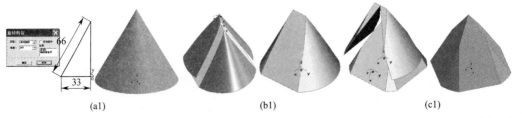

(1)如图(a1)所示，基体(圆锥)建模：选择 YZ 基准面，绘制【草图】直角三角形(斜边长 66，水平底边长 33)；以直角三角形的竖直边为轴【旋转增料】360°——形成正三棱锥(锥顶角为 60°)。

(2)如图(b1)所示，选择 XZ 基准面，设置与圆锥最左最右素线平行，且距离 3mm 的两正垂面，切掉左右周边。

(3)如图(c1)所示，选择 YZ 基准面，再设置与圆锥最前最后素线平行，且距离 3mm 的两侧垂面，切掉前后周边，获得所需造型。

【例 3-42】根据立体的主、俯视图及尺寸，补画左视图，求断面实形，进行三维建模。

背景

切割体造型设计中，需要解析出三方面内容：（1）基体造型；（2）剪切面的精准位置；（3）断面实形。

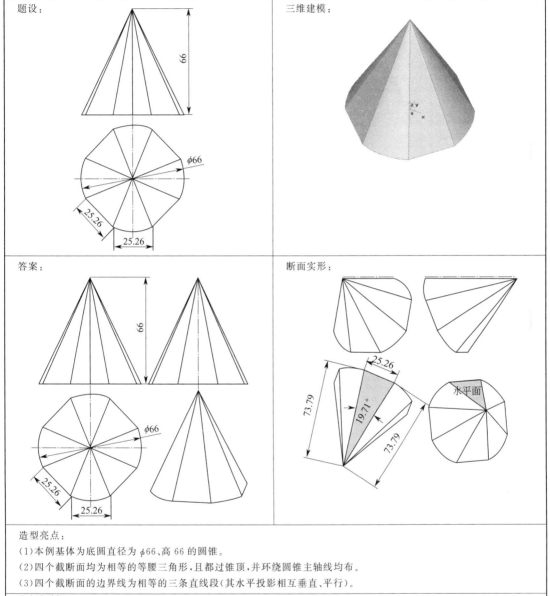

造型亮点：

（1）本例基体为底圆直径为 $\phi 66$、高 66 的圆锥。

（2）四个截断面均为相等的等腰三角形，且都过锥顶，并环绕圆锥主轴线均布。

（3）四个截断面的边界线为相等的三条直线段（其水平投影相互垂直、平行）。

空间解析：

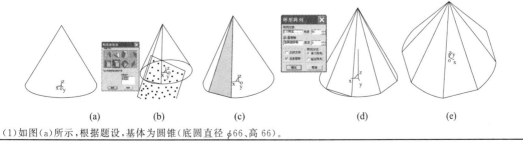

（1）如图（a）所示，根据题设，基体为圆锥（底圆直径 $\phi 66$、高 66）。

续表

（2）如图（b）所示，将圆锥底圆 8 等分，过相邻两个等分点与锥顶连成两条素线，过两素线确定的【构造基准面】截切。

（3）如图（c）所示，获得的断面为等腰三角形。

（4）如图（d）所示，【环形阵列】将等腰三角形绕圆锥主轴线，阵列 4 个。

（5）如图（e）所示，获得所需的三维建模——答案。若将某断面变换成水平面，则其水平投影反映实形。

造型流程：

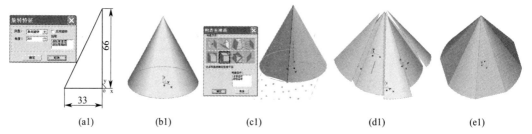

| (a1) | (b1) | (c1) | (d1) | (e1) |

（1）如图（a1）所示，基体（圆锥）建模：选择 YZ 基准面，绘制【草图】直角三角形（竖直直角边长 66，水平底边长 33）。

（2）如图（b1）所示，以直角三角形的竖直边为轴【旋转增料】360°——形成基体（底圆直径 φ66、圆锥高 66 的正三棱锥）三维建模。

（3）如图（c1）所示，将圆锥底圆 8 等分，过相邻两个等分点与锥顶连成两条素线，过两素线确定的【构造基准面】截切成等腰三角形平面。

（4）如图（d1）所示，【环形阵列】将等腰三角形绕圆锥主轴线，阵列角 90°、均布 4 个。

（5）如图（e1）所示，获得所需造型。

【例 3-43】 根据立体的主、左视图，补画俯视图，进行三维建模。

→ 背景

切割体造型设计中，需要解析出三方面内容：（1）基体造型；（2）剪切面的精准位置；（3）断面实形。

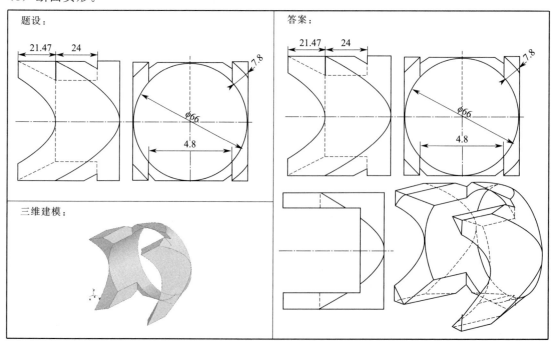

造型亮点：

(1)通过题设中的三个尺寸：$\phi 66$、7.8及21.47，可以得知圆锥基体的锥顶角为40°

(2)题设中虽未标出总长尺寸，但可通过主视图中斜曲线的左端点与右端面的距离确定。

(3)上下穿通的48×48方槽的中心，定位在内截交线（双曲线）的中点。

(4)左端的四个曲、直线三角形断面，定位在圆锥孔的左端点。

空间解析：

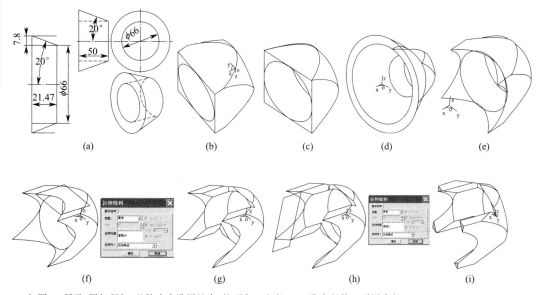

(a)　　　　(b)　　　　(c)　　　　(d)　　　　(e)

(f)　　　　(g)　　　　(h)　　　　(i)

(1)如图(a)所示，图解得知，基体为穿孔圆锥台（锥顶角40°、长50），孔直径等于顶圆直径$\phi 66$。

(2)如图(b)所示，绘制66×66的正方形（与直径$\phi 66$的孔外切），过正方形四条边的两个水平面和两个正平面截切——产生四条双曲线。

(3)如图(c)所示，过四段截交线（双曲线）的交点形成的侧平面，截切掉左边部分，形成过双曲线交点的正方形（内切圆直径仍是$\phi 66$）。

(4)如图(d)所示，以这个侧平面上的圆孔圆和外切正方形的外接圆，【拉伸增料】40，并添加【拔模斜度】20°形成喇叭口状。

(5)如图(e)所示，沿着如图(b)所示的四个断面，切掉四周，形成新的截交线（内凹双曲线）。

(6)如图(f)所示，过内凹双曲线的中点，画水平正方形（48×48），【拉伸除料】上下穿通。

(7)如图(g)所示，形成造型。

(8)如图(h)所示，选择XZ基准面，过内双曲线的端点，绘制长方形（涵盖左边部分）【草图】。

(9)如图(i)所示，【拉伸除料】点击【贯穿】，切掉左边部分——完成全部造型。

造型流程：

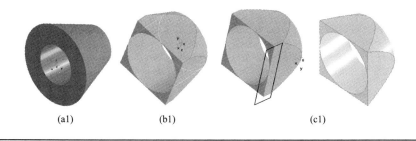

(a1)　　　　(b1)　　　　(c1)

续表

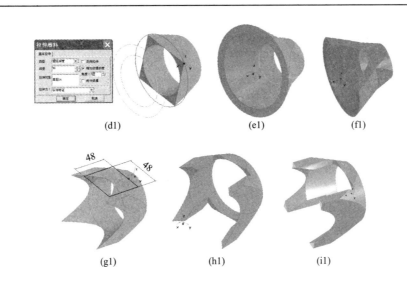

(d1)　　　　　　　(e1)　　　　　　　(f1)

(g1)　　　　　　　(h1)　　　　　　　(i1)

(1)如图(a1)所示,基体(穿孔圆锥台)三维建模:选择 YZ 基准面,绘制【草图】ϕ66 圆,【拉伸增料】50,添加【拔模斜度】20°——生成圆锥台三维建模;钻通孔 ϕ66。

(2)如图(b1)所示,绘制 66×66 的正方形(与直径 ϕ66 的孔外切),过正方形四条边的两个水平面和两个正平面截切——产生四条双曲线。

(3)如图(c1)所示,过四段截交线(双曲线)的交点形成的侧平面,截切掉左边部分,形成过双曲线交点的正方形(内切圆直径仍是 ϕ66)。

(4)如图(d1)所示,绘制【草图】双圆(圆孔圆和外切正方形的外接圆)。

(5)如图(e1)所示,【拉伸增料】40,并添加【拔模斜度】20°——形成喇叭口状。

(6)如图(f1)所示,沿着如图(b1)所示的四个断面,切掉四周,形成新的截交线(内凹双曲线)。

(7)如图(g1)所示,过内凹双曲线的中点,画水平正方形(48×48)。

(8)如图(h1)所示,【拉伸除料】上下穿通,形成方槽。

(9)如图(i1)所示,选择 XZ 基准面,绘制矩形(涵盖左边部分)【草图】,【拉伸除料】点击【贯穿】,切掉左边部分——完成全部三维建模造型。

【例 3-44】 根据立体的主、左视图,补画俯视图,进行三维建模。

➜ 背景

切割体造型设计中,需要解析出三方面内容:(1)基体造型;(2)剪切面的精准位置;(3)断面实形。

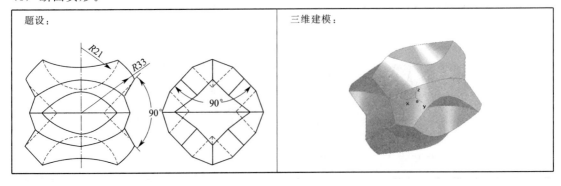

续表

答案：

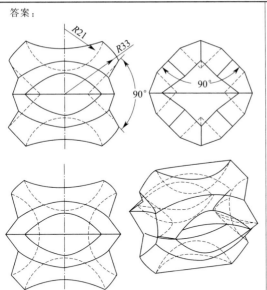

造型亮点.

（1）本例基体为上下、左右对称的正圆锥相贯，相贯线的侧面投影成对角直线。

（2）六个以中心对称的双向圆锥孔与 4 个正圆锥产生对称的相贯线。

（3）通过题设尺寸 90°，可判断圆锥及圆锥孔的顶角均为 90°。

空间解析：

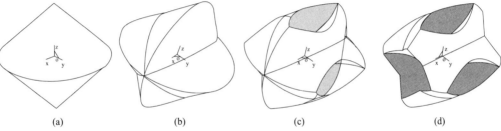

（1）如图（a）所示，图解得知，基体为上下对称圆锥（底圆直径 φ66、锥顶角 90°）。

（2）如图（b）所示，基体（上下对称圆锥）与前后对称圆锥正贯——产生四段相贯线。

（3）如图（c）所示，上下、前后对称挖出 φ42、锥顶角 90°的 4 个双向圆锥孔。

（4）如图（d）所示，同样，左右也挖出两个双向圆锥孔。

造型流程：

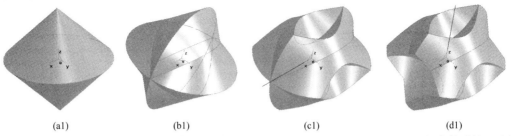

（1）如图（a1）所示，基体（上下对称正圆锥体）三维建模：选择 XY 基准面，绘制【草图】φ66 圆，双向【拉伸增料】80，添加【拔模斜度】45°，完成基体造型。

（2）如图（b1）所示，点击下方圆锥，绕水平轴线【环形阵列】360°，阵列角 90°、均布 4 个，形成 4 个正圆锥正贯。

（3）如图（c1）所示，选择 XY 基准面，通过前方半圆轮廓的中点，绘制【草图】φ42 圆，双向【拉伸除料】80，添加【拔模斜度】45°，完成上下圆锥通孔造型；同样，点击此圆锥孔，绕水平轴线【环形阵列】360°，阵列角 90°、均布 4 个，形成前后、上下 4 个圆锥孔。

（4）如图（d1）所示，同样，点击此圆锥孔，绕垂直轴线【环形阵列】360°，阵列角 90°、均布 4 个，形成左右、前后 4 个圆锥孔——完成全部造型。

第五节　圆球挖切创意

　预备知识

平面截切圆球产生的截交线形状只有一种：圆。

【例 3-45】在 $\phi66$ 的球体上切出 $\phi50$ 的圆形截面，进行三维建模。

　背景

造型设计中，遇到立体截切时，往往是先确定剪切面的位置，而不明确截切出的截面尺寸。本例是按照所需的截面形状尺寸，再选择剪切面的精准位置。

题设：	三维建模：
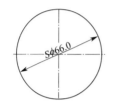	
答案： 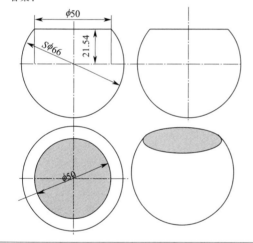	造型亮点： 　(1)机械造型往往要求精准。本例看似简单,其实,蕴涵着线、面分析的基本功。一般会先确定剪切面的位置,而不能预知截切面的精准形状尺寸。 　(2)在机械造型中,有时需要按照给定的剪切面的形状及尺寸,逆向推理出剪切面的精准位置(这有时成为设计造型的棘手问题)。 　(3)本例巧妙地运用了图解法,确定了在 $S\phi66$ 的球体上,要截切出 $\phi50$ 断面的精准位置——距离水平轴线 21.54 处。

空间解析：

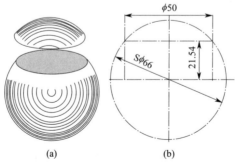

(a)　　　　　　　　(b)

(1)如图(a)所示,若想在 $S\phi66$ 的球体上切出 $\phi50$ 的断面,就需要确定剪切面的位置。

(2)如图(b)所示,图解可以获知截切面的位置(距离水平轴线 21.54)。

续表

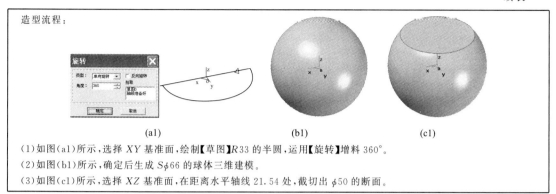

(a1)　　　　　　　(b1)　　　　　　　(c1)

(1)如图(a1)所示,选择 XY 基准面,绘制【草图】R33 的半圆,运用【旋转】增料 360°。

(2)如图(b1)所示,确定后生成 Sϕ66 的球体三维建模。

(3)如图(c1)所示,选择 XZ 基准面,在距离水平轴线 21.54 处,截切出 ϕ50 的断面。

【例 3-46】 根据立体的主、俯视图及尺寸,补画左视图,进行三维建模。

→ 背景

造型设计中,遇到立体截切时,往往是先确定剪切面的位置,而不明确截切出的截面尺寸。本例是按照所需截面投影的形状尺寸,再选择剪切面的精准位置。

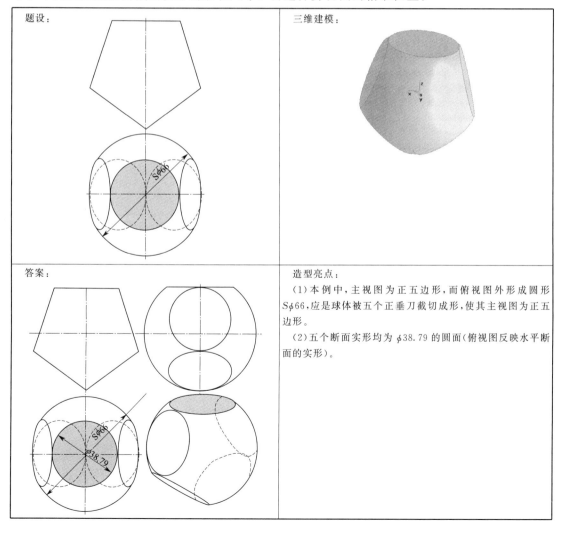

题设:

三维建模:

答案:

造型亮点:

(1)本例中,主视图为正五边形,而俯视图外形成圆形 Sϕ66,应是球体被五个正垂刀截切成形,使其主视图为正五边形。

(2)五个断面实形均为 ϕ38.79 的圆面(俯视图反映水平断面的实形)。

空间解析：

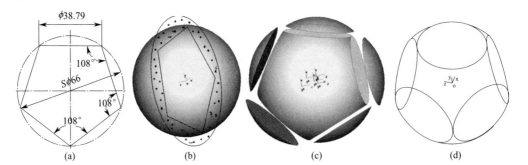

(a)   (b)   (c)   (d)

(1)如图(a)所示，从俯视图中的尺寸 $S\phi66$，可知该立体不是平面体，应是球体；图解可获知内接正五边形其顶角为 $108°$，边长为 38.79（等于截断面"圆"的直径）。

(2)如图(b)所示，选择五个正垂面（顶角为 $108°$）切掉周边五个角。

(3)如图(c)所示，断面为相同的"小圆 $\phi38.79$"。

(4)如图(d)所示，截切后，获得复合答案的三维建模。

造型流程：

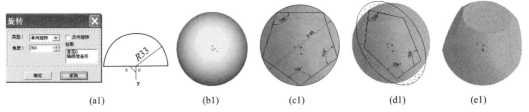

(a1)   (b1)   (c1)   (d1)   (e1)

(1)如图(a1)所示，在 XY 基准面上绘制【草图】$\phi66$ 的半圆。

(2)如图(b1)所示，【旋转增料】以半径为轴，将半圆旋转 $360°$，形成 $S\phi66$ 球体三维建模。

(3)如图(c1)所示，在 XZ 基准面上绘制【草图】$\phi66$ 圆的内接正五边形（边长 38.79）。

(4)如图(d1)所示，过内接正五边形的五条边，分别设置五个正垂面。

(5)如图(e1)所示，切去周边（镂空出实体），完成造型。

【例 3-47】 根据立体的主、俯视图，补画左视图，进行三维建模。

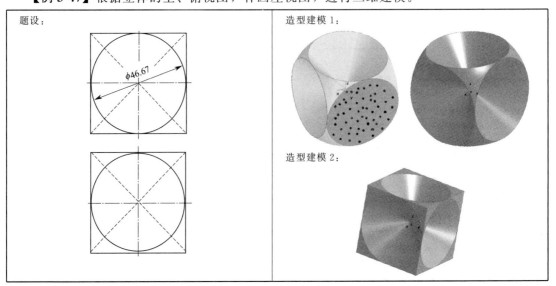

题设：

造型建模 1：

造型建模 2：

续表

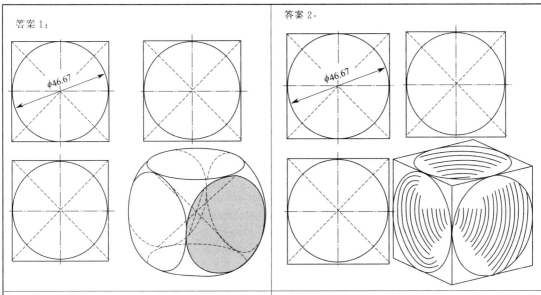

答案 1：

答案 2：

造型 1 亮点：

(1)虽三视图外形为正方形，但其并非正方体。

(2)视图中的对角虚线，是上下、左右四个倒立圆锥孔的轮廓投影(前后可设计成平面，或者，也是前后对顶的圆锥孔)。

造型 2 亮点：

(1)三视图外形为正方形，可设计基体为正方体。

(2)视图中的对角虚线，是上下、左右、前后六个倒立圆锥孔的轮廓投影。

空间解析 1：

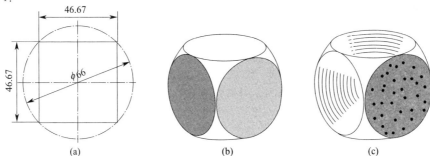

(a)　　　　　(b)　　　　　(c)

(1)如图(a)所示，根据题设尺寸 46.67，图解得知：其外接圆直径为 φ66。

(2)如图(b)所示，基体可设计成 Sφ66 的外接球，以球体的内接正方体的六个面切掉周边。

(3)如图(c)所示，根据视图中的对角虚线，可设计成上下、左右(也可以增加前后)各对开的对顶圆锥孔(锥顶角 90°)，圆锥孔轮廓投影形成对角虚线。

空间解析 2：

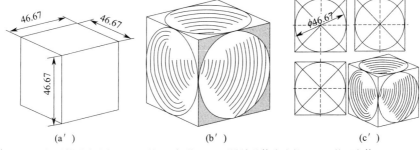

(a′)　　　　　(b′)　　　　　(c′)

(1)如图(a′)所示，三视图外形为边长 46.67 的"正方形"——可设计基体为边长 46.67 的正方体。

(2)如图(b′)所示，三视图中间的"圆"，可设计成上下、左右、前后各对开两个对顶的圆锥孔(锥顶角 90°)。

(3)如图(c′)所示，视图中的对角虚线，是上下、左右、前后六个倒立圆锥孔的轮廓投影。

造型流程1：

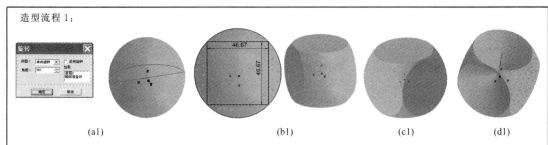

(a1)   (b1)   (c1)   (d1)

(1)如图(a1)所示，由图解得知，基体($S\phi66$ 球体)三维建模：选择 XY 基准面，绘制【草图】$R33$ 半圆。以半径为轴【旋转增料】$360°$——形成 $S\phi66$ 球体。

(2)如图(b1)所示，选择 XZ 基准面，绘制【草图】$46.67×46.67$ 的正方形，切形掉四周，镂空出方形实体。

(3)如图(c1)所示，同样，再选择 XY 基准面，绘制【草图】$46.67×46.67$ 的正方形，切掉四周，镂空出方形实体。

(4)如图(d1)所示，在实体的上下、左右(也可以增加前后)各对开的对顶圆锥孔(锥顶角 $90°$)，圆锥孔轮廓投影形成对角虚线。

造型流程2：

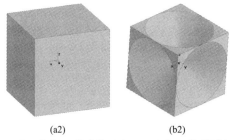

(a2)   (b2)

(1)如图(a2)所示，基体(边长 46.67 的正方体)三维建模：选择 XY 基准面，绘制【草图】$46.67×46.67$ 的正方形，双向【拉伸增料】46.67——完成基体造型。

(2)如图(b2)所示，分别选择正方体的六个面，分别钻 $\phi46.67$ 的倒立圆锥孔(锥顶角 $90°$)，完成三维建模。

【例 3-48】 根据立体的主、俯视图，补画左视图，进行三维建模。

→ **背景**

本例与上例类似，而结构不同，应仔细区分。

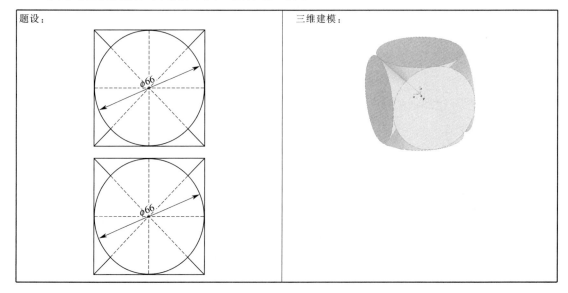

题设：

三维建模：

续表

答案：	造型亮点：
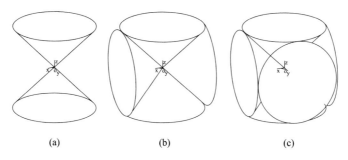	(1)本例由六个相同的倒立圆锥组成。 (2)三视图外形均为边长 66 的正方形，并非正方体。

空间解析：

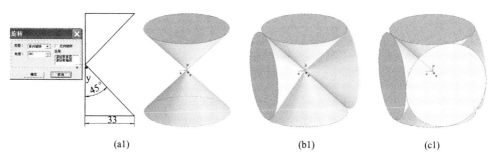

(a)　　　　　　　(b)　　　　　　　(c)

(1)如图(a)所示，根据题设，本例由上下两个倒立圆锥(顶圆直径 ϕ66、锥顶角 90°)组成。

(2)如图(b)所示，根据题设，本例还由左右两个倒立圆锥(顶圆直径 ϕ66、锥顶角 90°)组成。

(3)如图(c)所示，根据题设，本例还由前后两个倒立圆锥(顶圆直径 ϕ66、锥顶角 90°)组成。

造型流程：

(a1)　　　　　　　(b1)　　　　　　　(c1)

(1)如图(a1)所示，选择 YZ 基准面，画上下对称的两个直角三角形(直角边长 33、与斜边夹角 45°)；【旋转增料】360°，形成上下倒立的双圆锥体。

(2)如图(b1)所示，选择 XZ 基准面，同样画左右对称的两个直角三角形(直角边长 33、与斜边夹角 45°)；【旋转增料】360°，形成左右倒立的双圆锥体。

(3)如图(c1)所示，再选择 XY 基准面，同样画前后对称的两个直角三角形(直角边长 33、与斜边夹角 45°)；【旋转增料】360°，形成前后倒立的双圆锥体——完成全部三维建模。

【例 3-49】 根据立体的主、俯视图，补画左视图，进行三维建模。

题设：	三维建模：
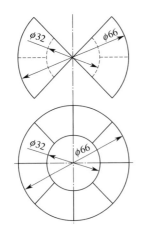	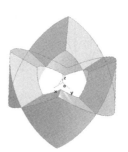

答案：

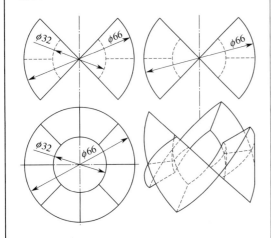

造型亮点：

(1)本例三视图,虽然外轮廓均为相同的 ϕ66 圆,但从水平投影看,该立体只能是圆柱体。

(2)圆柱体上方和下方,左右、前后对称,各切了两刀(夹角90°),分别为正垂面和侧垂面。

(3)中间竖直钻通 ϕ32 圆孔,而主、左视图中的虚线圆是圆孔与截切面产生的 8 段截交线,其投影巧合成虚线圆。

空间解析：

			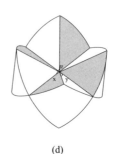	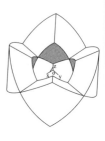
(a)	(b)	(c)	(d)	(e)

(1)如图(a)所示,虽然本例三视图的外轮廓均为 ϕ66 圆,但从主、俯视图对应投影看,基体不可能是球体,而只能是圆柱体。

(2)如图(b)所示,从中部往上,左右对称45°斜切成 V 字形通槽。

(3)如图(c)所示,同样,再从中部,前后对称45°斜切成 V 字形通槽。

(4)如图(d)所示,从中部往下,也左右、前后对称45°斜切出双向 V 字形通槽。

(5)如图(e)所示,从圆柱中心,竖直钻 ϕ32 通孔。

续表

造型流程：

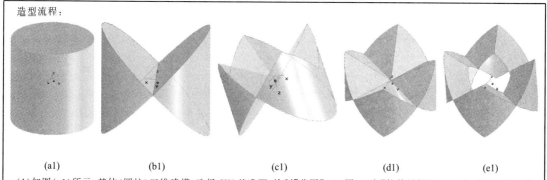

|(a1)|(b1)|(c1)|(d1)|(e1)|

(1)如图(a1)所示，基体（圆柱）三维建模：选择 *XY* 基准面，绘制【草图】φ66 圆，双向【拉伸增料】66——形成圆柱体造型。

(2)如图(b1)所示，上下对称的 V 形槽三维建模：选择 *XZ* 基准面，绘制【草图】上下对称的两个等腰直角三角形，【拉伸除料】，点击【贯穿】——形成上下对称的 V 形槽造型。

(3)如图(c1)所示，上半部左右贯通的 V 形槽三维建模：选择 *YZ* 基准面，在上部绘制【草图】等腰直角三角形，【拉伸除料】，点击【贯穿】——在上半部形成左右贯通的 V 形槽造型。

(4)如图(d1)所示，下半部左右贯通的 V 形槽三维建模：选择上半部 V 形槽，绕水平轴线【环形阵列】180°、均布 2 个——形成下部左右贯通的 V 形槽造型。

(5)如图(e1)所示，中心竖直圆孔三维建模：选择 *XY* 基准面，绘制【草图】φ32 圆，【拉伸除料】，点击【贯穿】——形成中心竖直圆孔造型。

【例 3-50】 根据立体的主、俯视图，补画左视图，进行三维建模。

题设：　　　　　　　　　　　　　　　　　　　三维建模：

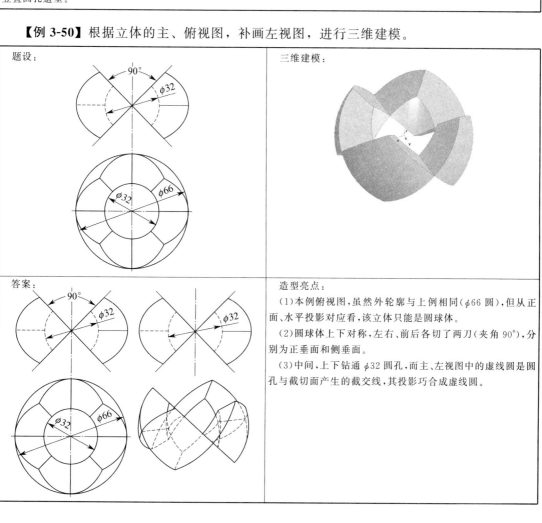

答案：

造型亮点：

(1)本例俯视图，虽然外轮廓与上例相同（φ66 圆），但从正面、水平投影对应看，该立体只能是圆球体。

(2)圆球体上下对称，左右、前后各切了两刀（夹角 90°），分别为正垂面和侧垂面。

(3)中间，上下钻通 φ32 圆孔，而主、左视图中的虚线圆是圆孔与截切面产生的截交线，其投影巧合成虚线圆。

续表

空间解析：

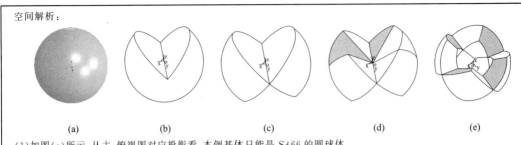

(a) (b) (c) (d) (e)

(1)如图(a)所示，从主、俯视图对应投影看，本例基体只能是 $S\phi66$ 的圆球体。

(2)如图(b)所示，球体上半部，斜切出左右对称的 V 形槽。

(3)如图(c)所示，球体下半部，也斜切出左右对称的 V 形槽。

(4)如图(d)所示，同样，球体的上下也斜切出前后对称的 V 形槽。

(5)如图(e)所示，球体中心，竖直钻通 $\phi32$ 圆孔。

造型流程：

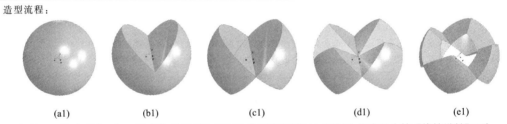

(a1) (b1) (c1) (d1) (e1)

(1)如图(a1)所示，基体(球)三维建模：选择 XY 基准面，绘制【草图】$R33$ 的半圆，以直径为轴，【旋转增料】360°——形成圆球造型。

(2)如图(b1)所示，上半部，前后贯通 V 形槽三维建模：选择 XZ 基准面，绘制【草图】等腰直角三角形，【拉伸除料】，点击【贯穿】——形成前后贯通 V 形槽造型。

(3)如图(c1)所示，下半部，前后贯通 V 形槽三维建模：选中上半部 V 形槽，【环形阵列】180°，均布 2 个——形成下半部前后贯通 V 形槽造型。

(4)如图(d1)所示，上部、下部，左右贯通 V 形槽三维建模：同理，选择 YZ 基准面，绘制【草图】上下两个对称的等腰直角三角形，【拉伸除料】点击【贯穿】——形成左右贯通的上下两个 V 形槽造型。

(5)如图(e1)所示，竖直 $\phi32$ 圆孔三维建模：选择 XY 基准面，绘制【草图】$\phi32$ 圆，【拉伸除料】，点击【贯穿】——形成竖直 $\phi32$ 圆孔造型。

【例 3-51】 根据立体的主、俯视图，补画左视图，求出阴影断面实形，进行三维建模。

题设：　　　　　　　　　　　　　　　　　三维建模：

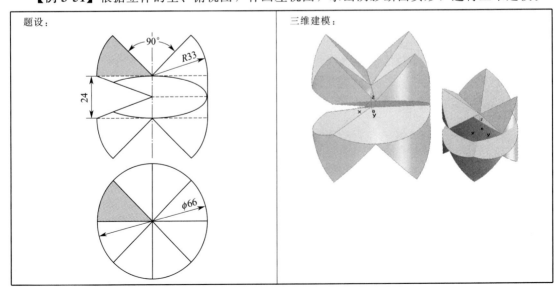

续表

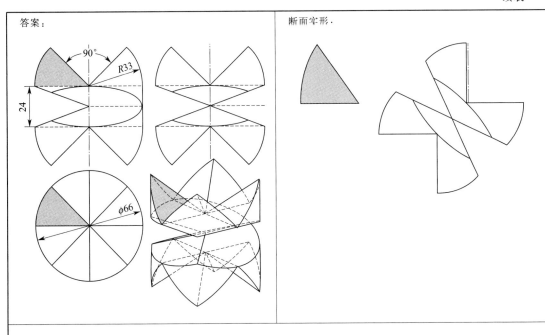

答案：

断面实形.

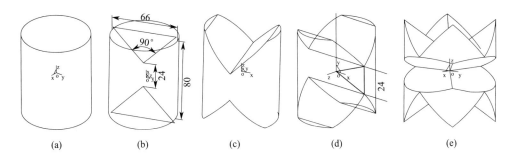

空间解析：

(a)　(b)　(c)　(d)　(e)

(1)如图(a)所示，本例，基体为圆柱体(φ66、高80)。

(2)如图(b)所示，在 *XZ* 基准面上，绘制【草图】两个上下对称的直角三角形(顶角90°、相距24)。

(3)如图(c)所示，【拉伸出料】点击【贯穿】，形成两个"V形槽"。

(4)如图(d)所示，在 *YZ* 基准面上，绘制【草图】中心角等腰三角形(底边长24)。

(5)如图(e)所示，绕基体轴线【环形阵列】3个。阵列角90°——生成三个"腰部V形槽"三维建模及上下各四块"V形槽"。

造型流程：

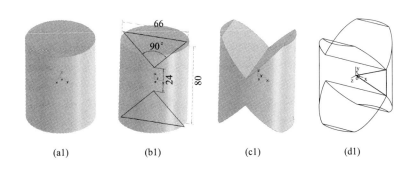

(a1)　(b1)　(c1)　(d1)

续表

(e1)   (f1)

(1) 如图(a1)所示，基体(圆柱)三维建模：选择 XY 基准面，绘制【草图】$\phi66$ 圆，【拉伸增料】80——生成"圆柱"三维建模。

(2) 如图(b1)所示，绘制【草图】两个上下相距 24、对称的直角三角形。

(3) 如图(c1)所示，上下对称"V 形槽"三维建模：将以上【草图】【拉伸除料】点击【贯穿】——生成"V 形槽"三维建模。

(4) 如图(d1)所示，选择 YZ 基准面，绘制【草图】中心角等腰三角形(底边长 24)。

(5) 如图(e1)所示，"腰部 V 形槽"三维建模：将"中心角等腰三角形"【草图】【拉伸减料】点击【贯穿】——生成"腰部 V 形槽"三维建模。

(6) 如图(f1)所示，三个"腰部 V 形槽"三维建模：绕基体轴线【环形阵列】3 个，阵列角 90°——生成三个"腰部 V 形槽"三维建模；同理，将上下对称"V 形槽"也绕基体轴线【环形阵列】2 个，阵列角 90°——生成上下各四块"V 形槽"三维建模。

【例 3-52】根据立体的主、左视图，补画俯视图，画出截断面实形（量得椭圆长、短轴的尺寸），进行三维建模。

➡ 背景

造型设计中，遇到立体截切时，往往是先确定剪切面的位置，而不明确截切出的截面尺寸。本例是按照所需截面投影的形状尺寸（$R33$ 的圆弧），再选择剪切面的精准位置，进行三维建模。

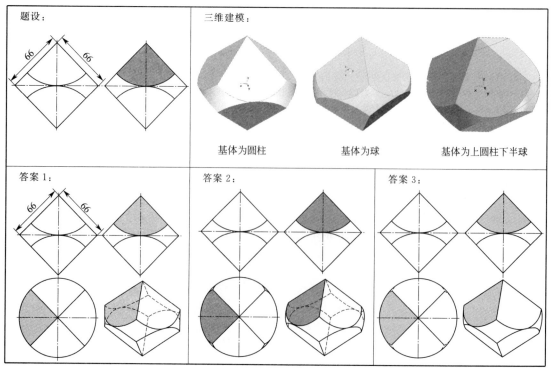

右上角：续表

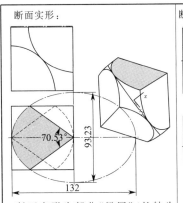

断面实形：

断面实形为部分"椭圆"（长轴为132、短轴为93.23、两直线夹角为70.53°）

断面实形：

断面实形为部分"圆面"（"圆"直径为 $\phi66$、两直线夹角为71°）

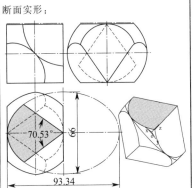

断面实形：

断面实形为部分"椭圆"（长轴为93.34、短轴为66、两直线夹角为70.53°）

造型亮点：

（1）在答案1中，可设定基体为圆柱，其截断面为部分"椭圆"，题设主视图中的边长66，等于截断面——部分"椭圆"长轴的一半（长轴线是正平线，其正面投影反映实长）。

（2）在答案2中，可设定基体为球，其截断面为部分"圆面"，题设主视图中的边长66，等于截断面——部分"圆"的直径（直径 $\phi66$、两直线夹角为71°）。

（3）在答案3中，可设定基体为上圆柱、下半球，其截断面上半部分为部分"椭圆"（长轴为93.34、短轴为66、两直线夹角为70.53°），下半部分为部分"圆"（直径为 $\phi66$、两直线夹角为71°）。

空间解析：

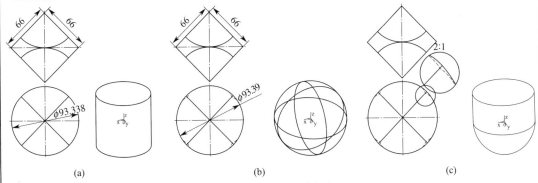

(a)   (b)   (c)

（1）如图（a）所示，按答案1设定，基体为圆柱，通过图解，得知圆柱直径为 $\phi93.338$。

（2）如图（b）所示，按答案2设定，基体为圆球，通过图解，得知球直径为 $S\phi93.338$。

（3）如图（c）所示，按答案3设定，基体为上圆柱、下半圆球，通过图解，得知圆柱、半球直径分别为 $\phi93.338$、$S\phi93.338$。

（4）三种答案，俯视图的外轮廓都是圆，但答案2和答案3的俯视图中，截交线的投影不与外圆重合；由于答案3的俯视图中有虚曲线，可以设想，基体的下半部分为半圆球。

（5）还有其他答案。读者能想象出来吗？

造型流程1：

(a1)   (b1)   (c1)   (d1)   (e1)

(1)如图(a1)所示,基体三维建模——圆柱(直径 ϕ93.338、高 93.338)。

(2)如图(b1)所示,前后截切掉上下角(保留中部边长 66 的菱形)。

(3)如图(c1)所示,获得四个截断面(半个椭圆)。

(4)如图(d1)所示,选择侧截切面,切掉前后角(保留中部边长 66 的菱形)。

(5)如图(e1)所示,又获得四个新截断面(部分椭圆)。

造型流程 2:

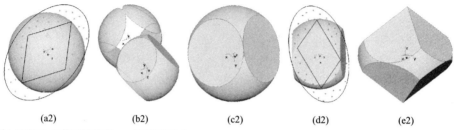

(a2)　　　　(b2)　　　　(c2)　　　　(d2)　　　　(e2)

(1)如图(a2)所示,基体三维建模——圆球(直径 $S\phi$93.338)。

(2)如图(b2)所示,截切掉上下角(保留中部边长 66 的菱形)。

(3)如图(c2)所示,获得四个截断面(圆)。

(4)如图(d2)所示,选择侧截切面,切掉前后角(保留中部边长 66 的菱形)。

(5)如图(e2)所示,又获得四个新截断面(部分圆)——与前四个截断面相交,形成相同的八个部分圆面。

造型流程 3:

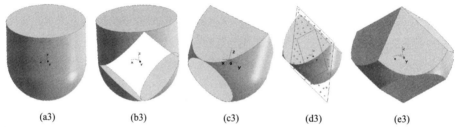

(a3)　　　　(b3)　　　　(c3)　　　　(d3)　　　　(e3)

(1)如图(a3)所示,基体三维建模——上圆柱、下半圆球(直径 ϕ93.338)。

(2)如图(b3)所示,截切掉上下角(保留中部边长 66 的菱形)。

(3)如图(c3)所示,获得四个截断面(上部两个"半椭圆"、下部两个"圆")。

(4)如图(d3)所示,选择侧截切面,切掉前后角(保留中部边长 66 的菱形)。

(5)如图(e3)所示,又获得四个新截断面(上部两个"部分椭圆"、下部两个部分"圆")——与前四个截断面相交,上部形成四个相同的部分椭圆面,下部形成四个相同的部分圆面。

【例 3-53】 根据主、俯视图(菱形外接圆直径 ϕ66),补画左视图,进行造型建模,求出阴影断面实形。

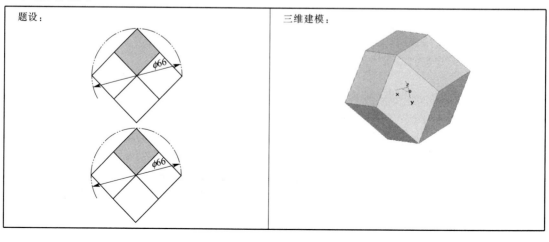

题设:　　　　　　　　　　　　　　　　　　三维建模:

续表

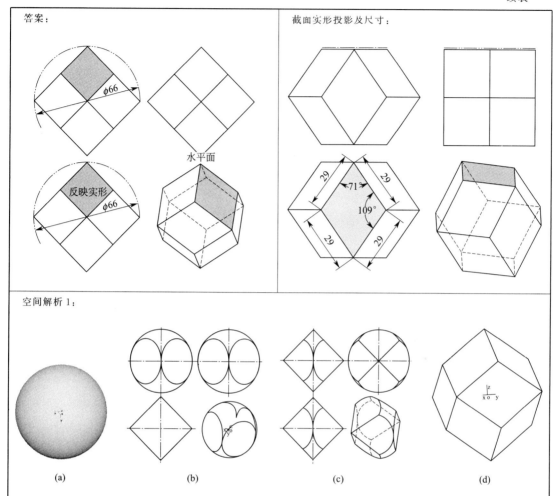

答案：

水平面

反映实形 $\phi66$

$\phi66$

截面实形投影及尺寸：

29 71° 29

109°

29 29

空间解析 1：

(a) (b) (c) (d)

(1)如图(a)所示,依据题设主、俯视图中的两个尺寸 $\phi66$,可确定基体为"球"。

(2)如图(b)所示,由于水平投影成直角菱形,可设置四把相互垂直的铅垂刀,切去周边,形成截切后的球体。

(3)如图(c)所示,由于正面投影也成直角菱形,可设置四把相互垂直的正垂刀,切去周边,形成截切后的球体。

(4)如图(d)所示,由于侧面投影也成直角菱形,可设置四把相互垂直的侧垂刀,切去周边,形成截切后的球体——完成全部三维建模。

空间解析 2：

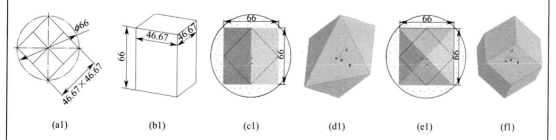

$\phi66$

46.67 46.67

66

46.67×46.67

66 66

66 66

(a1) (b1) (c1) (d1) (e1) (f1)

(1)如图(a1)所示,根据图解,$\phi66$ 圆的内接正方形边长为 46.67。

(2)如图(b1)所示,按题设要求,可设计基体为边长 46.67 的正方形,旋转 45°,【拉伸增料】66——形成正四棱柱体。

(3)如图(c1)所示,设置四把相互垂直且与水平面倾斜 45°的正垂刀。

(4)如图(d1)所示,切掉周边——镂空出截切后的四棱柱体(复合正面投影外轮廓成直角菱形)。

（5）如图（e2）所示，再设置四把相互垂直且与水平面倾斜45°的侧垂刀。

（6）如图（f2）所示，切掉周边——镂空出复合侧面投影的实体，完成造型。

造型流程1：

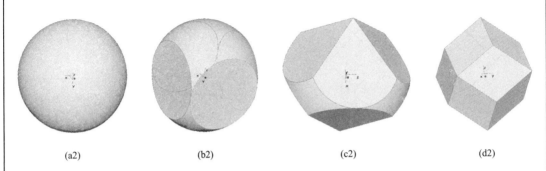

  (a2)   (b2)   (c2)   (d2)

（1）如图（a2）所示，进行 $S\phi66$ "球"基体的三维建模：选择 XY 基准面，绘制【草图】$R33$ 半圆，绕直径【旋转增料】$360°$——形成 $S\phi66$ "球体"。

（2）如图（b2）所示，选择 XY 基准面，绘制【草图】$\phi66$ 的内接直角菱形，通过其边线设置四把相互垂直的铅垂刀，切去周边——形成水平投影外轮廓成直角菱形的立体。

（3）如图（c2）所示，再选择 XZ 基准面，绘制【草图】$\phi66$ 的内接直角菱形，通过其边线设置四把相互垂直的正垂刀，切去周边——形成正面投影外轮廓成直角菱形的立体。

（4）如图（d2）所示，再选择 YZ 基准面，绘制【草图】$\phi66$ 的内接直角菱形，通过其边线设置四把相互垂直的侧垂刀，切去周边——形成侧面投影外轮廓成直角菱形的立体，完成造型。

造型流程2：

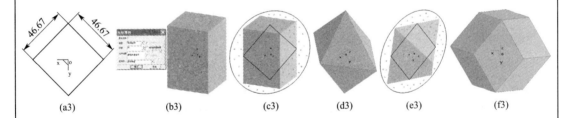

 (a3)   (b3)   (c3)   (d3)   (e3)   (f3)

（1）如图（a3）所示，在 XY 基准面上，绘制【草图】$46.67×46.67$（$\phi66$ 的内接正方形）的直角菱形。

（2）如图（b3）所示，基体为边长 46.67 的正四棱柱体三维建模：选择 XY 基准面上，绘制【草图】$46.67×46.67$（$\phi66$ 的内接正方形）的直角菱形，【拉伸增料】66——形成高 66 的正四棱柱体。

（3）如图（c3）所示，选择 XZ 基准面，绘制【草图】$46.67×46.67$（$\phi66$ 的内接正方形）的直角菱形。沿着边线，设置四把相互垂直的正垂刀。

（4）如图（d3）所示，切去周边——形成正面投影外轮廓成直角菱形的立体。

（5）如图（e3）所示，选择 YZ 基准面，绘制【草图】$46.67×46.67$（$\phi66$ 的内接正方形）的直角菱形。沿着边线，再设置四把相互垂直的侧垂刀。

（6）如图（f3）所示，切去周边——形成侧面投影外轮廓成直角菱形的立体，完成造型。

造型亮点：

（1）已知主、俯视图（菱形外接圆直径 $\phi66$），说明基体为球。

（2）由于主、俯、左三个视图均为直角"菱形"，只能分别用四把互相垂直的铅垂刀、正垂刀、侧垂刀切得均成直角菱形的三个视图。

（3）由图解得知，$\phi66$ 圆的内接正方"菱形"，其边长为 46.67，故基体也可设计成长方体（两端面为边长 46.67 的直角"菱形"、高 66）。

【例 3-54】根据立体的主、俯视图，补画左视图，进行三维建模。

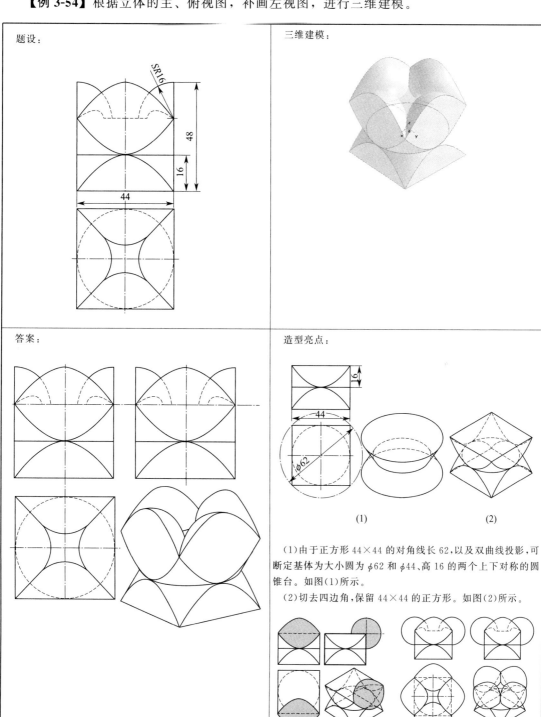

题设：

三维建模：

答案：

造型亮点：

(1)由于正方形 44×44 的对角线长 62，以及双曲线投影，可断定基体为大小圆为 φ62 和 φ44、高 16 的两个上下对称的圆锥台。如图(1)所示。

(2)切去四边角，保留 44×44 的正方形。如图(2)所示。

(3)以双曲线为轮廓，以正方形的边为轴旋转成一般回转体，如图(3)所示。

(4)由四段双曲线形成的回转体，两两相贯，其相贯线的水平投影犹如正方形的对角线，如图(4)所示。

(1)　　　　(2)

(3)　　　　(4)

续表

空间解析：

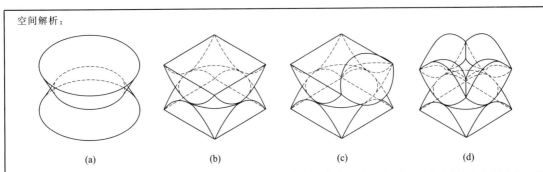

| (a) | (b) | (c) | (d) |

(1)如图(a)所示,由题设俯视图中的虚线"圆"以及主视图中的曲线(双曲线),可判断出该基体为上下对称的两个倒立圆锥台。

(2)如图(b)所示,上下切去四角(保留44×44的正方形——俯视图)。

(3)如图(c)所示,由主视图中的尺寸$SR16$,可知四边为四个"球"体。

(4)同样,上下切去四角(保留44×44的正方形——俯视图),如图(d)所示。

造型流程：

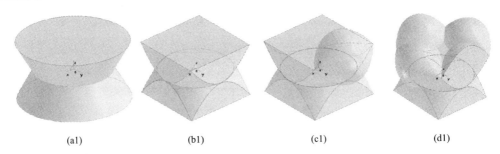

| (a1) | (b1) | (c1) | (d1) |

(1)如图(a1)所示,以大小圆 $\phi62$ 和 $\phi44$、高 16 进行【放样增料】形成两对称的倒立圆锥台。

(2)如图(b1)所示,切去四边角(保留44×44的正方形),产生的截交线为双曲线。

(3)如图(c1)所示,以上部双曲线为轮廓,与对应边线为轴,进行【旋转增料】360°——形成一般回转体。

(4)如图(d1)所示,以中轴(铅垂线)进行【环形阵列】均布 4 个、阵列角 90°——形成两两相贯的四个一般回转体,四周切平。

第六节　圆环挖切创意

➡ 预备知识

平面截切圆环产生的截交线形状有：双圆、高次曲线。

说明	投影图	立体图
截平面垂直于圆环主轴线截切——截交线为双"圆"		

续表

说明	投影图	立体图
"轴平面"(通过主轴线)截切——截交线为双"母线圆"	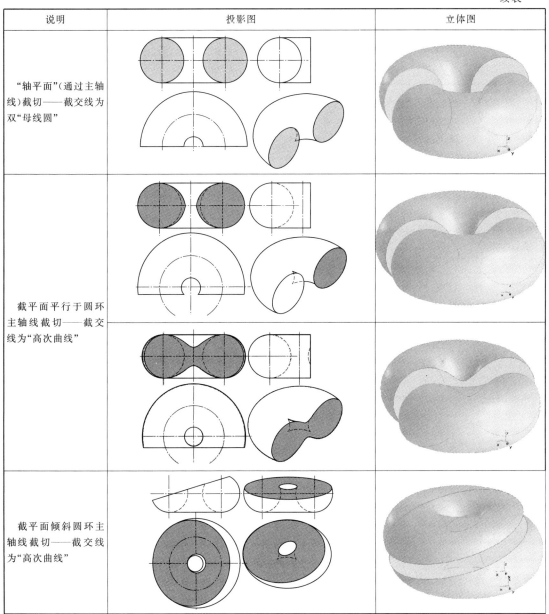	
截平面平行于圆环主轴线截切——截交线为"高次曲线"		
截平面倾斜圆环主轴线截切——截交线为"高次曲线"		

【例 3-55】 根据立体的主、左视图，补画俯视图，进行三维建模。

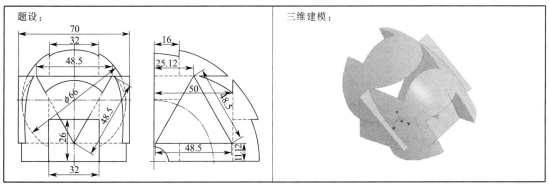

续表

答案：

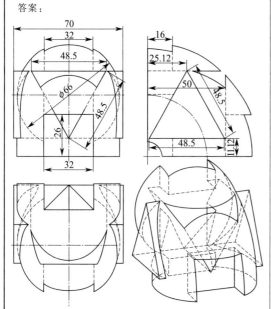

造型亮点：

(1)1/4 圆环,自后向前,开有倒立"正三角形孔"(未全通)。

(2)1/4 圆环,左右贯通"正三棱柱",其端面三角形与三角形孔的端面三角形全等。

(3)倒立正三角形孔(未全通)与圆环产生 4 段截交线。

(4)后方开的上下穿通"方槽"与前方开的"方槽"长度尺寸相同。

空间解析：

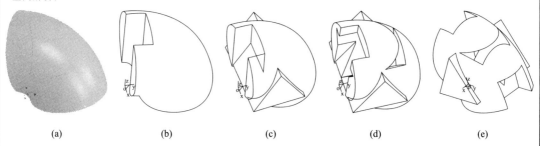

(a)	(b)	(c)	(d)	(e)

(1)如图(a)所示,本例基体为 1/4 圆环。

(2)如图(b)所示,在圆环的左端面,挖上下通方孔。

(3)如图(c)所示,前后贯穿三棱柱。

(4)如图(d)所示,在圆环的左端面,自左而右,挖倒立三角形孔(未全通)。

(5)如图(e)所示,在圆环的右下端面,开方槽。

造型流程：

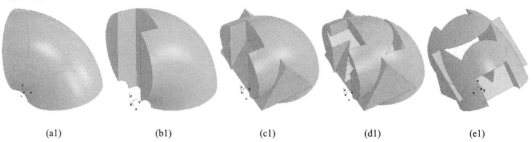

(a1)	(b1)	(c1)	(d1)	(e1)

(1)如图(a1)所示,基体(1/4 圆环)三维建模:选择 XY 基准面,绘制【草图】$\phi66$ 圆,绕距离圆心 38 的纵向轴线【旋转增料】反向 90°——形成 1/4 圆环体。

(2)如图(b1)所示,基体左端上下穿通方槽三维建模:选择 XY 基准面,以圆环下端面的左中点定位,绘制【草图】32×32 的正方形,【拉伸除料】点击【贯穿】——形成上下穿通的方孔。

(3)如图(c1)所示,前后贯通正三棱柱三维建模:选择 YZ 基准面,按尺寸绘制【草图】边长 48.5 的等边三角形,双向【拉伸增料】70——形成前后贯通正三棱柱。

续表

（4）如图（d1）所示，左右末全通的三角形孔三维建模：选择 1/4 圆环的左端面为基准面，按尺寸绘制【草图】边长 48.5 的倒立等边三角形，【拉伸除料】50——形成末全通的三角形孔（与圆环曲面产生 4 段截交线）。

（5）如图（e1）所示，基体右下，长方孔三维建模：选择 1/4 圆环的下端面为基准面，按尺寸绘制【草图】边长 32×42 的正方形，【拉伸除料】26——形成长方孔。

【例 3-56】 根据立体的主、左视图，补画俯视图，进行三维建模。

题设：	三维建模：
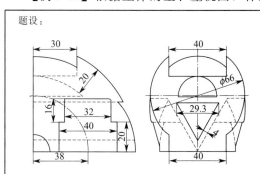	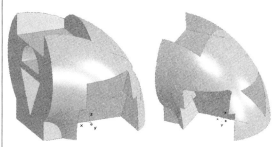

答案：

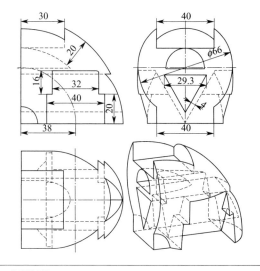

造型亮点：

（1）1/4 圆环筒体，顶部的方槽与底部的肋板均厚 40。

（2）1/4 圆环筒体，前后贯通的"凸形孔"被左右贯通的空心三棱柱截断。

（3）1/4 圆环筒体，内轮廓（ϕ26 虚圆环）被左右贯通的空心三棱柱截断，产生 1 段截交线。

（4）前后贯通的"凸形孔"与圆环曲面产生 7 段截交线。

空间解析：

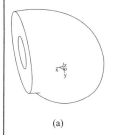				
(a)	(b)	(c)	(d)	(e)

（1）如图（a）所示，本例基体为 1/4 圆环筒（断面 ϕ66 圆、壁厚 20）。

（2）如图（b）所示，在 1/4 圆环的左下角加矩形肋板（厚度 40）。

（3）如图（c）所示，在 1/4 圆环的上方开长 30、宽 40 的矩形槽。

（4）如图（d）所示，在 1/4 圆环的前后挖通凸形孔。

（5）如图（e）所示，在 1/4 圆环的左右，开通带外壁（厚 4）的三角形孔。

续表

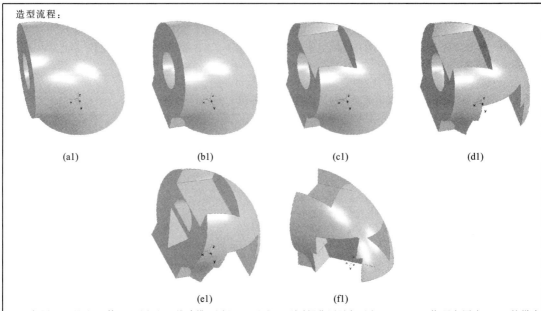

造型流程:

(a1)　　　　　　(b1)　　　　　　(c1)　　　　　　(d1)

(e1)　　　　　　　　(f1)

(1)如图(a1)所示,基体(1/4 圆环)三维建模:选择 XY 基准面,绘制【草图】同心圆($\phi66,\phi26$),绕距离圆心 38 的纵向轴线【旋转增料】90°——形成 1/4 圆环筒体。

(2)如图(b1)所示,基体左端矩形肋板三维建模:选择 XZ 基准面,沿着圆环的左端面和下端面,绘制【草图】相互垂直的铅垂线和侧垂线,点击【肋板】输入双向 40——形成厚度 40 的肋板(位于圆环左下角)。

(3)如图(c1)所示,顶部方槽三维建模:选择 1/4 圆环左侧面为基准面,绘制【草图】边长 40 的正方形(定位在圆孔的顶端),【拉伸除料】30——形成顶部方槽。

(4)如图(d1)所示,前后贯通凸形孔三维建模:选择 XZ 基准面,按尺寸绘制【草图】下大长方形(长 40、高 20)、上小长方形(长 32、高 16),【拉伸除料】点击【贯穿】——形成前后贯通的凸形孔。

(5)如图(e1)所示,左右穿通三角形孔三维建模:选择 1/4 圆环左侧面为基准面,按尺寸绘制【草图】边长 43.3 和 29.3 的两个同心等边三角形,【拉伸增料】选择【拉伸到面】再点击“圆环曲面”——形成边长 29.3 的等边三角形通孔及外壁(壁厚 4)。

(6)如图(f1)所示,显示了等边三角形孔的右侧面(与圆环曲面产生三段截交线)。

第七节　一般回转体挖切创意

▶ 预备知识

平面截切一般回转体产生的截交线形状有：圆、高次曲线。

说明	投影图	立体图
截平面垂直回转体主轴线截切——截交线为"圆"		

续表

说明	投影图	立体图
截平面平行回转体主轴线截切——截交线为"高次曲线"	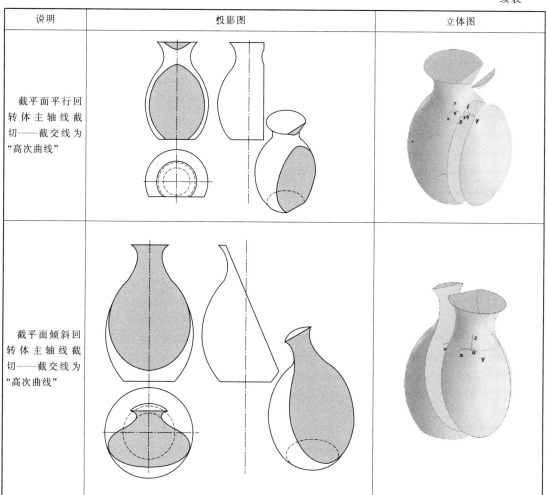	
截平面倾斜回转体主轴线截切——截交线为"高次曲线"		

【例 3-57】根据立体的主、左视图，补画俯视图，进行三维建模。

→ 背景

造型设计中，一般回转体被截切时，所产生的截断面及截交线，往往难以确定其形状，需要仔细分析剪切面的位置尺寸。本例是按照剪切面的精准位置，来确定截面投影的形状及尺寸。

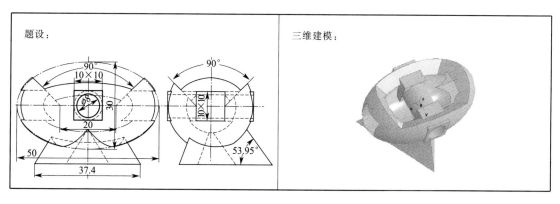

续表

答案：

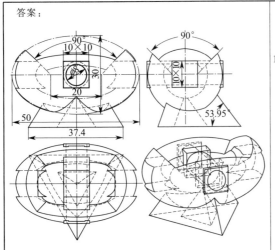

造型亮点：

(1) 椭圆球及三棱锥底座通过【抽壳】成为壁厚 6 的中空体。

(2) 椭圆球顶部的四棱锥形槽,是位于中间水平面上的 20×10 长方形向外"拔模"45°,【拉伸除料】形成的。

(3) 中部的方块与左右的方孔尺寸相同(10×10)。

(4) 前后方块被圆筒(ϕ10、ϕ8)连接。

空间解析：

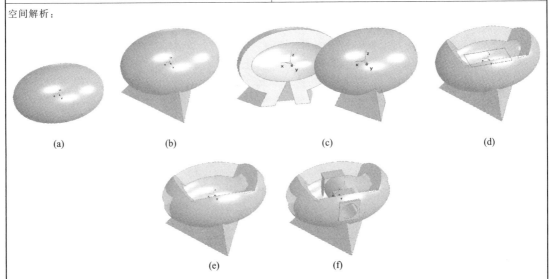

(a)　　　　　　(b)　　　　　　(c)　　　　　　(d)

(e)　　　　　　(f)

(1) 如图(a)所示,本例基体为椭圆球体(长轴 50、短轴 30)。

(2) 如图(b)所示,椭圆球体下方与正三棱锥截交,产生三段截交线。

(3) 如图(c)所示,从正三棱锥底面【抽壳】壁厚 6——形成中空体。

(4) 如图(d)所示,从中部水平面,设置 20×10 的长方形,【拉伸除料】40,添加【拔模斜度】向外 45°——形成向外扩展的四棱锥槽。

(5) 如图(e)所示,左右开通 10×10 的方孔。

(6) 如图(f)所示,前后增加 10×10 的方块及圆柱孔。

造型流程：

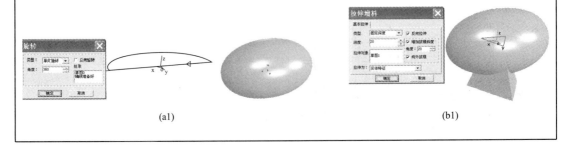

(a1)　　　　　　　　　　　　　　　　　(b1)

续表

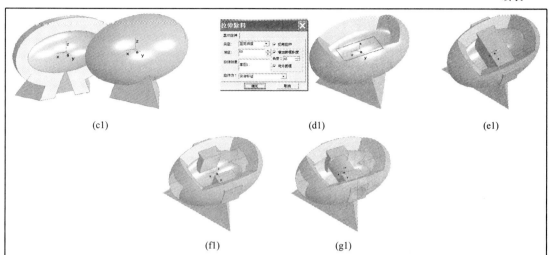

(c1)　　　　　　　　　　　　　　(d1)　　　　　　　　　　　　　　(e1)

(f1)　　　　　　　　　　　　(g1)

(1)如图(a1)所示,基体(椭圆球体)三维建模:选择 XY 基准面,绘制【草图】半个椭圆(长轴50、短轴30),绕长轴【旋转增料】360°——形成椭圆球体。

(2)如图(b1)所示,三棱锥底座三维建模:选择 XY 基准面,绘制【草图】边长12.2的等边三角形,【拉伸增料】20,添加【拔模斜度】向外拔模20°——完成三棱锥底座三维建模。

(3)如图(c1)所示,中空体(壁厚6)三维建模:选择三棱锥底面,点击【抽壳】输入壁厚6,再点击确定——使椭圆球和三棱锥体成为壁厚6的中空体。

(4)如图(d1)所示,上部四棱锥形槽三维建模:选择 XY 基准面,绘制【草图】20×10的长方形,【拉伸除料】40,添加【拔模斜度】向外拔模45°——完成四棱锥形槽三维建模。

(5)如图(e1)所示,前后四棱柱三维建模:选择 XZ 基准面,绘制【草图】10×10的正方形,双向【拉伸增料】30——完成中间四棱柱三维建模。

(6)如图(f1)所示,左右穿通方孔三维建模:选择 YZ 基准面,绘制【草图】边长20的正方形,【拉伸除料】点击【贯穿】——形成左右穿通方孔三维建模。

(7)如图(g1)所示,前后圆筒三维建模:选择 XZ 基准面,绘制【草图】同心圆($\phi10$、 $\phi8$),双向【拉伸增料】30——圆筒三维建模。

第四章

04 Chapter

组合体创意造型

➡ 预备知识

四种组合形式：如图 4-1 所示。

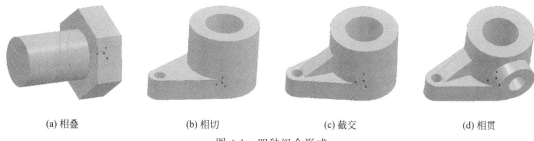

| (a) 相叠 | (b) 相切 | (c) 截交 | (d) 相贯 |

图 4-1 四种组合形式

（1）相叠——二立体平面接触。如图 4-1(a) 所示，圆柱体右侧面与六棱柱左侧面，以平面接触。

（2）相切——二立体表面相切。如图 4-1(b) 所示，底板前后侧平面与圆柱体曲面相切。

（3）截交——一立体的平面与另一立体的曲面截交。如图 4-1(c) 所示，三角形肋板与圆柱曲面截交。

（4）相贯——二曲面体相交。如图 4-1(d) 所示，前凸小圆筒与竖直大圆筒相贯。

第一节　相叠创意造型

➡ 预备知识

相叠组合形式是指两立体以平面接触。可分为两种类型：

（1）平齐——二者无分界线。如图 4-2 所示。

（2）不平齐——二者无有界线。如图 4-2 所示。

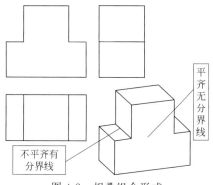

平齐无分界线

不平齐有分界线

图 4-2 相叠组合形式

【例 4-1】根据立体的主、俯视图，补画左视图，进行三维建模。

➡ 背景

造型设计中，遇到立体截切时，往往是先确定剪切面的位置，而不明确截切出的截面形状及尺寸。本例是按照所需截面投影的形状尺寸，再选择剪切面的精准位置。

题设：

三维建模：

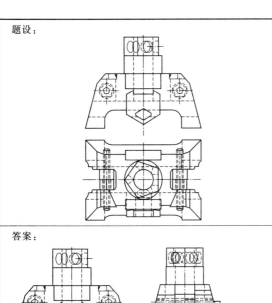

答案：

造型亮点：

(1)相叠类组合体,只是简单体的叠加,结合处均为平面接触。

(2)相叠类组合体,只能通过叠加体的数量和位置进行创意造型。

(3)本例,基体为四棱锥台,其上叠加了小圆柱、小正五棱柱,前面叠加了六棱柱(前后钻通了菱形孔),左右两侧开了上下通槽,中间还有连接棒(前段为五棱孔柱、后段为圆筒体),前后开通圆角大矩形槽,又添加了左右两侧的倒角、斜切角。虽然结合处为最简单的平面接触,但通过叠加体的大数量、多位置变换,也可以提升创意度。

空间解析：

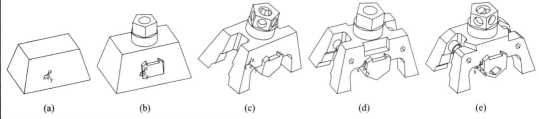

(a)   (b)   (c)   (d)   (e)

(1)如图(a)所示,本例基体为四棱锥台(底面为长方形)。

(2)如图(b)所示,四棱锥台顶面叠加上小圆柱、小五棱柱(钻圆孔),前后贯穿小正六棱柱(由于下部隐藏在四棱锥台内,显现成五边形),上面开小矩形槽。

(3)如图(c)所示,基体(四棱锥台)左右、前后开"通槽";顶部小五棱柱,各侧面钻 5 个相同的小圆孔。

(4)如图(d)所示,左右空槽添加"连接棒"(前段为五棱孔柱、后段为圆筒体),前方(小正六棱柱上方)开矩形槽。

(5)如图(e)所示,基体(四棱锥台)左右"倒角""斜切角";前端小正六棱柱前后开通圆角菱形孔。

造型流程：

(a1)   (b1)   (c1)   (d1)

续表

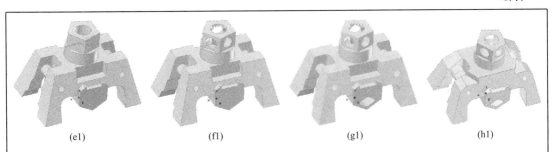

| (e1) | (f1) | (g1) | (h1) |

（1）如图（a1）所示，基体（四棱锥台）三维建模：选择 XY 基准面，绘制【草图】长方形（长 66、宽 44），【拉伸增料】30，添加【拔模斜度】15°——生成四棱锥台三维建模。

（2）如图（b1）所示，小圆柱＋五棱柱三维建模：选择四棱锥台顶面为基准面，绘制【草图】ϕ22 圆，【拉伸增料】8——生成小圆柱三维建模；再选择小圆柱顶面为基准面，绘制【草图】正五边形（ϕ22 圆的内接正五边形），【拉伸增料】10——生成小五棱柱三维建模；从顶面钻通孔（ϕ10）。

（3）如图（c1）所示，前方正六棱柱三维建模：选择 XZ 基准面，绘制【草图】边长 11 的正六边形，向前【拉伸增料】20——生成正六棱柱三维建模（由于下部隐藏在四棱锥台内，故显现成五边形）。

（4）如图（d1）所示，前后、左右通槽三维建模：选择 XZ 基准面，绘制【草图】长方形（长 44、高 15），【拉伸除料】点击【贯穿】——生成下部前后通长方槽三维建模；再选择四棱锥台顶面为基准面，绘制【草图】两个左右相距 31 的长方形（宽 11），【拉伸除料】点击【贯穿】——生成左右两个上下通的长方槽三维建模；再选择 YZ 基准面，绘制两个【草图】长方形（长 14、高 15）、圆角梯形（两腰与前后棱面平行、相距 21），【拉伸除料】点击【贯穿】——生成左右通槽三维建模。

（5）如图（e1）所示，中部前后长方槽＋左右空槽连接棒三维建模：选择四棱锥台顶面为基准面，绘制【草图】长方形（长 20、宽 5.14），【拉伸除料】8——生成前后长方槽三维建模；再选择 XZ 基准面，绘制【草图】同心的两个正五边形（大的边长 5、小的边长 2.5），向前【拉伸增料】选中【拉伸到面】，点击　四棱锥台的前侧面——生成前面正五棱锥筒体；同样，选择 XZ 基准面，绘制【草图】两个同心圆（大五边形的内切圆、小五边形的外接圆），向后【拉伸增料】选中【拉伸到面】，点击　四棱锥台的后侧面——生成后面圆筒体。

（6）如图（f1）所示，顶部五棱柱侧面 5 个圆孔三维建模：选择五棱柱某侧面为基准面，绘制【草图】ϕ7.2 圆，【拉伸除料】4——生成一个侧面孔；再绕圆柱轴线【环形阵列】5 个、阵列角 72°——生成 5 个均布的侧面孔。

（7）如图（g1）所示，下端小菱形孔三维建模：选择 XZ 基准面，绘制【草图】小菱形（与正六棱柱的两底边平行且相距 2，小菱形对边相距 6），【拉伸除料】20——生成小菱形孔三维建模。

（8）如图（h1）所示，左右"倒角""斜切角"三维建模：点击四棱锥台左右两侧边线，选择【倒角】指令，输入 8——生成左右倒角（8°）；选择四棱锥台顶面为基准面，绘制【草图】对称斜边形，【拉伸减料】4——形成左右斜切角（深 4）三维建模。

第二节　相切创意造型

➡ 智能梳理

相切组合形式——两立体的表面圆滑过渡（相切）。如图 4-3 所示，左耳板曲面与大圆筒曲面相切；右耳板平面与大圆筒曲面相切。注意其投影特征：立体间无分界线、轮廓线画到切点处。

【例 4-2】根据立体的主、俯视图，补画左视图，采取适当剖视，进行三维建模。

➡ 背景

造型设计中，遇到立体截切时，往往是先确定剪切面的位置，而不明确截切出的截面形状及尺寸。本例是按照所需截面投影的形状尺寸，再选择剪切面的精准位置。

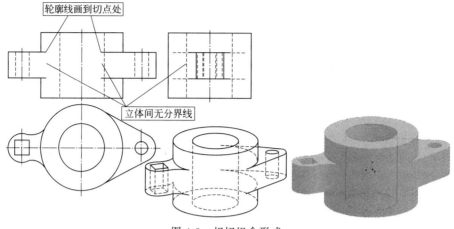

图 4-3　相切组合形式

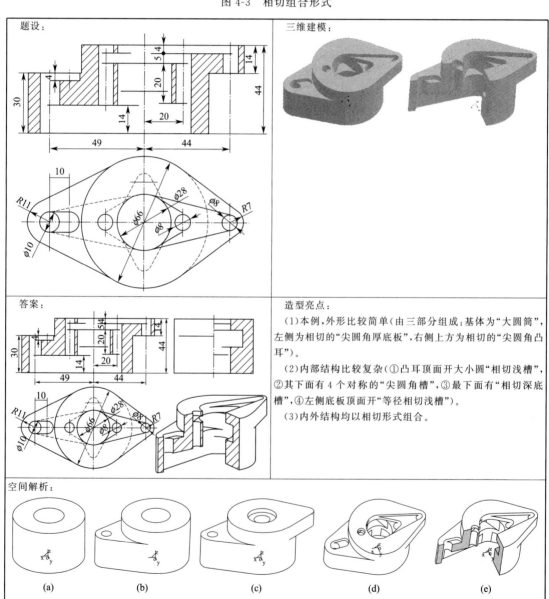

造型亮点：

（1）本例，外形比较简单（由三部分组成：基体为"大圆筒"，左侧为相切的"尖圆角厚底板"，右侧上方为相切的"尖圆角凸耳"）。

（2）内部结构比较复杂（①凸耳顶面开大小圆"相切浅槽"，②其下面有 4 个对称的"尖圆角槽"，③最下面有"相切深底槽"，④左侧底板顶面开"等径相切浅槽"）。

（3）内外结构均以相切形式组合。

(1) 如图(a)所示,本例,基体为"圆筒体"。

(2) 如图(b)所示,左侧"尖圆角厚底板"前后两侧与圆筒曲面相切。

(3) 如图(c)所示,右侧"尖圆角凸耳"前后两侧也与圆筒曲面相切。

(4) 如图(d)所示,凸耳顶面开大小圆相切浅槽,下方挖出 4 个前后、左右对称的"尖圆角槽",底部的大圆孔与左侧小圆孔挖通"相切深底槽",左侧底板顶面开"等径相切浅槽"。

(5) 如图(e)所示,将立体假想剖去左前方 1/4,便于观察内部结构。

造型流程:

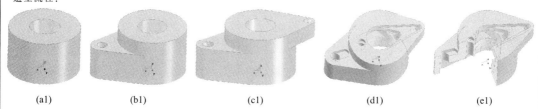

| (a1) | (b1) | (c1) | (d1) | (e1) |

(1) 如图(a1)所示,基体(圆筒体)三维建模:选择 XY 基准面,绘制【草图】圆(如 φ66、φ28),【拉伸增料】44——生成"圆筒体"。

(2) 如图(b1)所示,左侧"厚底板"三维建模:选择 XY 基准面,绘制【草图】大圆 φ66,小圆 φ28,内孔圆 φ10,两公切线,向上【拉伸增料】30——生成"底板"三维建模。

(3) 如图(c1)所示,右侧"凸耳"三维建模:选择基体顶面为基准面,绘制【草图】R7 圆弧与 φ66 的两公切线及内孔圆 φ8,形成封闭线框,向下【拉伸增料】14——生成"凸耳"三维建模。

(4) 如图(d1)所示,4 个内部相切结构三维建模。

①凸耳顶面开大小圆"相切浅槽"三维建模:选择基体顶面为基准面,绘制【草图】φ8 与 66 的两公切线,形成封闭线框,向下【拉伸除料】4——生成"相切浅槽"三维建模。

②内部 4 个对称的"尖圆角槽"三维建模:选择"相切浅槽"顶面为基准面,绘制【草图】φ8 与 φ28 的两公切线,形成封闭线框,向下【拉伸除料】20——生成 1 个"尖圆角槽"三维建模;绕主轴线【环形阵列】4 个、阵列角 90°——生成 4 个对称的"尖圆角槽"三维建模。

③"相切深底槽"三维建模:选择 XY 基准面,绘制【草图】φ10 与 φ28 的两公切线,形成封闭线框,向上【拉伸除料】14——生成"相切底槽"三维建模。

④"等径相切浅槽"三维建模:选择左侧底板顶面为基准面,绘制【草图】φ10 与 φ10(相距 10)的两公切线,形成封闭线框,向下【拉伸除料】4——生成"等径相切浅槽"三维建模。

(5) 如图(e1)所示,将立体假想剖去左前方 1/4 三维建模:选择 XY 基准面,绘制【草图】矩形(涵盖立体左前方 1/4 部分),【拉伸除料】点击【贯穿】——生成剖去左前方 1/4 的三维建模(便于观察内部结构)。

第三节 截交创意造型

➡ 智能梳理

截交——平面与曲面的交线。

(1) 平面截切圆柱曲表面产生的截交线有三种:圆、椭圆、矩形。	(2) 平面截切圆锥曲表面产生的截交线有五种:圆、椭圆、等腰三角形、双曲线、抛物线。
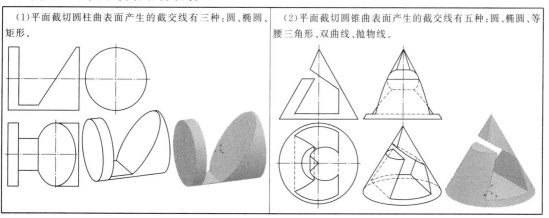	

续表

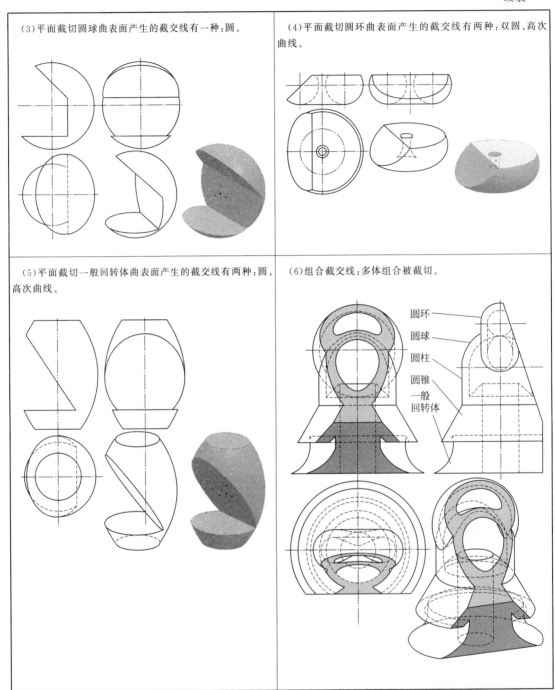

（3）平面截切圆球曲表面产生的截交线有一种：圆。

（4）平面截切圆环曲表面产生的截交线有两种：双圆、高次曲线。

（5）平面截切一般回转体曲表面产生的截交线有两种：圆、高次曲线。

（6）组合截交线：多体组合被截切。

圆环
圆球
圆柱
圆锥
一般
回转体

【例 4-3】 根据立体的主、俯视图，补画左视图，进行三维建模。

→ 背景

造型设计中，遇到立体截切时，往往是先确定剪切面的位置，而不明确截切出的截面形状及尺寸。本例是按照所需截面投影的形状尺寸，再选择剪切面的精准位置。

题设：

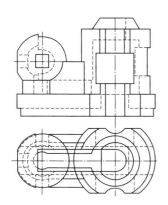

三维建模：

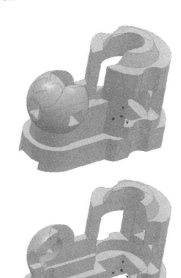

答案：

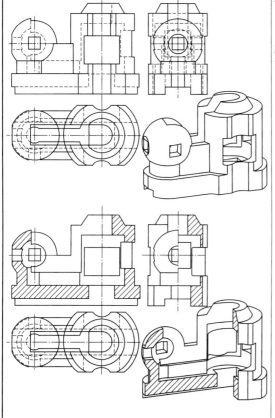

造型亮点：

（1）参与组合的基本体比较多：圆柱、圆锥台、球、平面体等，包括全部四种组合形式——相叠、相切、截交、相贯。

（2）内外截交线也比较多，采取剖视表达，视图清晰。

（3）主要结构在右方的圆柱内，自上而下，有圆孔、圆柱形内腔、方孔，还有圆柱与球体的连通槽及底槽，外部有前后切平面及圆弧凹槽。

（4）球体左端有切平面，前后、左右开方孔。

续表

空间解析：

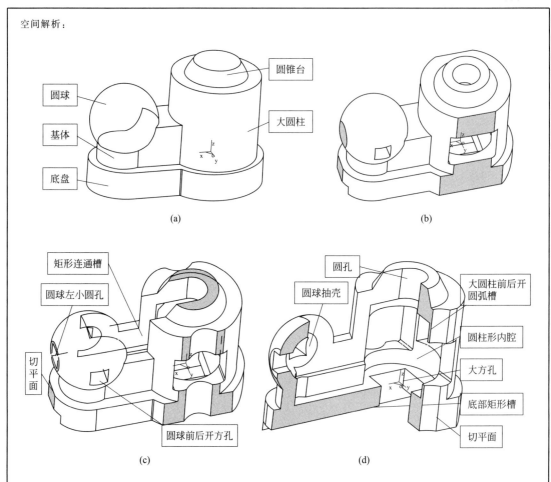

(a)　　　　　　　　　　　　　　　(b)

(c)　　　　　　　　　　　　　　　(d)

(1) 如图 (a) 所示，形体分析：立体由"底盘（矩形左右连接小大圆）""基体（小矩形左右连接小大圆）""圆球""大圆柱""圆锥台" 5 部分组成。

(2) 如图 (b) 所示，结构分析：圆柱自上而下开圆孔、大圆形内腔、方孔、前后切平面；圆球左边切平面、前后开方孔；底盘下边，左右开通矩形槽。

(3) 如图 (c) 所示，细节结构分析：圆球内部【抽壳】，左面开小圆孔；大圆柱前后挖上下通圆弧槽。

(4) 如图 (d) 所示，为便于观察，整体假想剖去左前方 1/4。看图提示——结构梳理：大小结构——计 11 处。

造型流程：

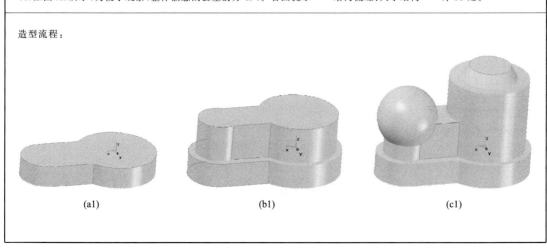

(a1)　　　　　　　　　　(b1)　　　　　　　　　　(c1)

续表

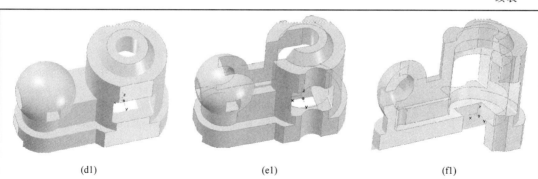

(d1)　　　　　　　　　　　(e1)　　　　　　　　　　　(f1)

（1）如图（a1）所示，"底盘"三维建模：选择 XY 基准面，绘制【草图】矩形左右连接小、大圆（矩形前后边与小圆相切），【拉伸增料】20——生成"底盘"三维建模。

（2）如图（b1）所示，叠加"基体"三维建模：选择"底盘"顶面为基准面，绘制【草图】矩形左右连接小、大圆，【拉伸增料】30——生成"基体"三维建模。

（3）如图（c1）所示，"基体"右端增高大圆柱及圆锥台、左端叠加"圆球"三维建模：选择"基体"顶面为基准面，点击【实体边界】，绘制【草图】大圆，【拉伸增料】30——生成增高大圆柱，同理，其上叠加"圆锥台"三维建模；在基体左端，绘制【草图】半圆，绕半径（轴线）【旋转增料】360°——生成"圆球"三维建模。

（4）如图（d1）所示，圆柱前后切平面、上下钻圆孔、前后开通大方孔；圆球左端切平面、前后钻通方孔；底盘下面开矩形左右通槽。

（5）如图（e1）所示，圆柱与圆球之间开矩形连通槽；圆柱前后切平面上开半圆槽。

（6）如图（f1）所示，为便于观察内部结构，整体假想剖去左前方 1/4（可看出圆柱内腔为大圆柱形，底部又开通了大方孔）。

第四节　相贯创意造型

→ 智能梳理

四种相贯形式——如图 4-4 所示。

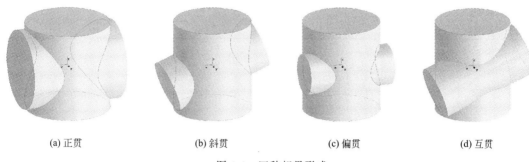

(a) 正贯　　　　　　(b) 斜贯　　　　　　(c) 偏贯　　　　　　(d) 互贯

图 4-4　四种相贯形式

相贯线——两回转体表面相交产生的交线。

相贯线性质：

（1）共有性——相贯线是两回转体表面的共有线，也是两回转体的分界线；相贯线上的所有点都是两回转体表面的共有点。

（2）闭合性——由于立体表面是封闭的，因此相贯线一般是封闭的线框。

（3）相贯线的形状——一般是空间曲线（如图 4-4 所示），特殊情况下是平面曲线或直线（如图 4-5 所示）。

相贯形式：如图 4-4 所示。

（1）正贯——两回转体轴线垂直相交；

（2）斜贯——两回转体轴线倾斜相交；

（3）偏贯——两回转体轴线垂直或倾斜交叉；

（4）互贯——两回转体部分相贯；

（5）多体相贯——三个以上回转体相贯。如图 4-6 所示。

(a) 相贯线形状——椭圆、圆(平面形) (b) 相贯线形状——直线

图 4-5　相贯线特殊形状——平面曲线、直线

图 4-6　多体相贯

【例 4-4】 根据立体的俯、左视图，补画主视图，采取适当剖视，并进行三维建模。

题设：	三维建模：
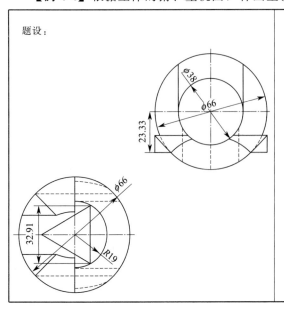	

续表

答案：

造型亮点：

（1）立体底板顶面为 4 块"正贯曲面"（竖直、水平等径圆柱参与正贯的曲面）。

（2）立体底板底面凸出的圆弧曲面属于水平大圆柱的底曲面。

（3）立体右侧为等径圆柱正贯融合体（相贯线为椭圆弧，其正面投影积聚成对角直线）。

（4）$R19$ 的竖直半圆孔与等径的水平圆孔正贯（内相贯线也为椭圆弧，其正面投影也积聚成对角虚直线，被外相贯线盖住）。

（5）下部的"等边三角形通孔"与大水平圆柱（$\phi66$）底部及水平圆孔（$\phi38$）底部各产生三条截交线。

空间解析：

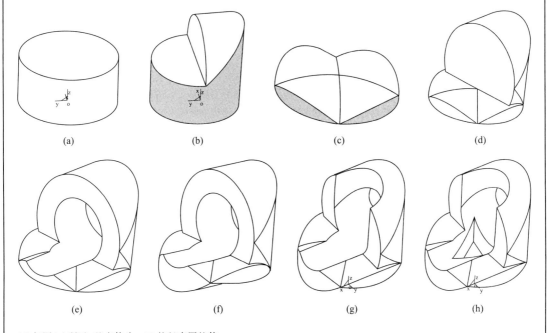

（1）如图（a）所示，基本体为 $\phi66$ 的竖直圆柱体。

（2）如图（b）所示，顶部、右侧添加一水平半圆柱 $\phi66$，与基体（竖直圆柱）正贯。

（3）如图（c）所示，将半圆柱绕竖直圆柱轴线【环形阵列】阵列角 90°，均布 4 个，切掉相贯线交点下部圆柱（未参与相贯）。

（4）如图（d）所示，在底面上方 23.33 处，添加半个等径圆柱，正贯融合体（相贯线的正面投影呈对角直线）。

（5）如图（e）所示，左右钻通圆孔（$\phi38$），产生内外相贯线。

（6）如图（f）所示，立体底平面，生成部分圆弧曲面（属于水平圆柱的部分下曲面）。

（7）如图（g）所示，上部开通 $R19$ 的半圆孔。

（8）如图（h）所示，底部开通等边三角形通孔（边长 32.91）。

续表

造型流程：

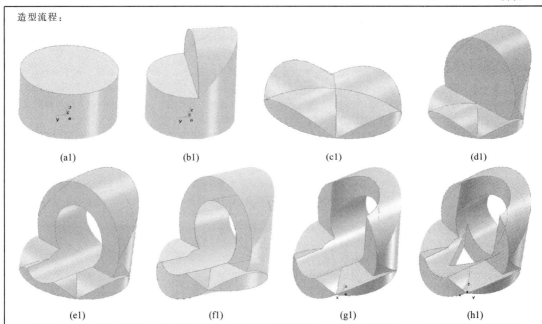

(a1)　　　　　　　　　(b1)　　　　　　　　　(c1)　　　　　　　　　(d1)

(e1)　　　　　　　　　(f1)　　　　　　　　　(g1)　　　　　　　　　(h1)

（1）如图（a1）所示，基体（竖圆柱）三维建模：选择 XY 基准面，绘制【草图】φ66 圆，【拉伸增料】33——生成圆柱体三维建模。

（2）如图（b1）所示，右侧"水平半圆柱"二维建模：选择竖圆柱顶面为基准面，绘制【草图】φ66 圆，【拉伸增料】选择【拉伸到面】点击竖圆柱曲面——生成右侧水平半圆柱三维建模。

（3）如图（c1）所示，竖圆柱与水平圆柱"正贯曲面"三维建模：绕竖圆柱轴线【环形阵列】4 个、阵列角 90°，点击水平半圆柱——生成竖直与水平圆柱正贯三维建模；再切去相贯线交点下方（不参与相贯）部分——仅剩余"正贯曲面"三维建模。

（4）如图（d1）所示，顶部，右侧水平半圆柱与竖直圆柱"正贯融合体"三维建模：选择 YZ 基准面，绘制【草图】φ66 圆（圆心位于底面正上方 23.33），【拉伸增料】选择【拉伸到面】点击竖圆柱曲面——生成右侧水平半圆柱三维建模。

（5）如图（e1）所示，"左右通孔"三维建模：选择 YZ 基准面，绘制【草图】φ38 圆（与 φ66 圆同心），【拉伸除料】点击【贯穿】——生成"左右通孔"三维建模。

（6）如图（f1）所示，"圆弧底面"三维建模：选择上部水平圆柱的右侧平面为基准面，打开【实体边界】，点击底平面下方，显露出直线及圆弧边界，生成【草图】，【拉伸增料】选择【拉伸到面】点击竖圆柱左曲面——生成"圆弧底面"（属于水平圆柱的部分下曲面）三维建模。

（7）如图（g1）所示，"竖直半圆孔"三维建模：选择【构造平面】中的平行面，点击底平面，输入距离 23.33——生成新水平基准面，绘制【草图】φ38 圆，【拉伸除料】输入 40——生成与水平圆孔正贯的"竖直半圆孔"三维建模。

（8）如图（h1）所示，"正三角孔"三维建模：选择 XY 基准面，绘制【草图】边长 32.91 等边三角形，【拉伸除料】点击【贯穿】——生成"正三角孔"三维建模。

【例 4-5】 根据立体的主、俯视图，补画左视图，进行造型建模。

题设：　　　　　　　　　　　　　　　　　　　造型建模：

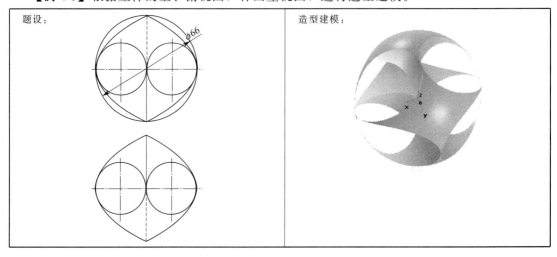

续表

答案:

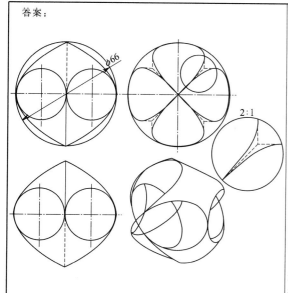

2:1

造型亮点:

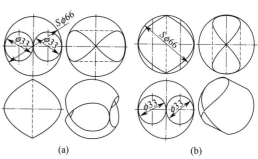

(a) (b)

(1)如图(a)所示,本例基体为球。前后穿通两个ϕ33的圆孔,形成圆柱孔与球面偏贯,相贯线为空间曲线,其水平、侧面投影如图所示。

(2)如图(b)所示,基体(球)还上下穿通两个ϕ33的圆孔,形成圆柱孔与球面偏贯,相贯线为空间曲线,其正面、侧面投影如图所示。

(3)上下穿通的圆孔与前后穿通的圆孔为等径圆孔正贯,其相贯线投影应呈对角线形式,如答案"放大图"所示。

空间解析:

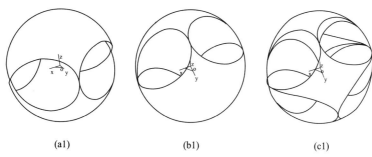

(a1) (b1) (c1)

(1)如图(a1)所示,本例基体为直径ϕ66的圆球,前后穿通两个ϕ33的圆孔。

(2)如图(b1)所示,上下也穿通两个ϕ33的圆孔。

(3)如图(c1)所示,前后、上下各穿通两个ϕ33的圆孔后——完成造型。

造型流程:

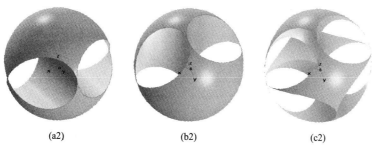

(a2) (b2) (c2)

(1)如图(a2)所示,基体(球)三维建模:选择XY基准面,绘制【草图】R33的半圆,以其直径为轴,【选择增料】360°,形成Sϕ66的圆球。再选择XZ基准面,绘制【草图】两个R16.5的圆,【拉伸除料】贯穿,形成两个前后穿通的圆孔。

(2)如图(b2)所示,同理,再选择XY基准面,再绘制【草图】两个R16.5的圆,【拉伸除料】贯穿,形成两个上下穿通的圆孔。

(3)如图(c2)所示,前后、上下各穿通两个ϕ33的圆孔后——完成造型。

【例 4-6】 根据立体的主、俯视图，补画左视图，进行造型建模。

题设：

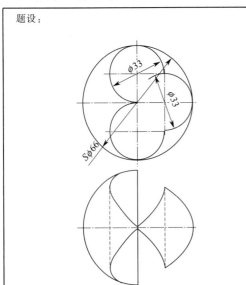

造型建模：

答案：

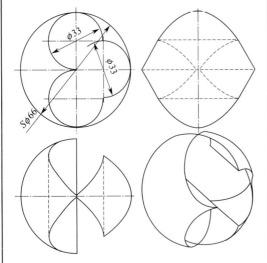

造型亮点：

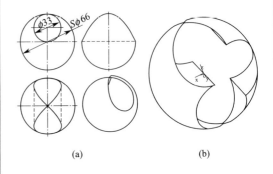

(a)　　　　　　　　(b)

（1）如图（a）所示，本例基体为球。在上半部，前后穿通一个 $\phi33$ 的圆孔，形成圆柱孔与球面偏贯，相贯线为空间曲线，其水平、侧面投影如图所示。

（2）如图（b）所示，基体（球）还在下半部、右半部，前后穿通一个 $\phi33$ 的圆孔，形成圆柱孔与球面偏贯，相贯线为空间曲线，其水平、侧面投影如答案图所示。

空间解析：

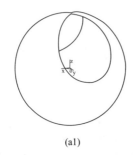

(a1)　　　　　　　　(b1)

（1）如图（a1）所示，本例基体为直径 $\phi66$ 的圆球，在上半部前后穿通一个 $\phi33$ 的圆孔。

（2）如图（b1）所示，同时，还在下半部和右半部也各穿通一个 $\phi33$ 的圆孔。

续表

造型流程：

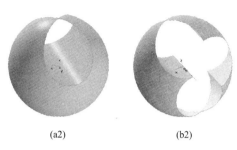

(a2)   (b2)

(1)如图(a2)所示,基体(球)三维建模:选择 *XZ* 基准面,绘制【草图】*R*33 的半圆,以其直径为轴,【选择增料】360°,形成 *Sϕ*66 的圆球。再选择 *XZ* 基准面,在球体上半部绘制【草图】*R*16.5 的圆,【拉伸除料】贯穿,形成一个前后穿通的圆孔。

(2)如图(b2)所示,绕球体的纵向轴(正垂轴)【环形阵列】阵列角 90°、3 个,形成三个前后穿通的圆孔。

【例 4-7】 根据立体的主、俯视图，补画左视图，进行造型建模。

题设：	造型建模：
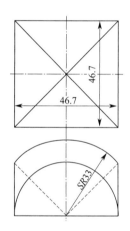	

答案：

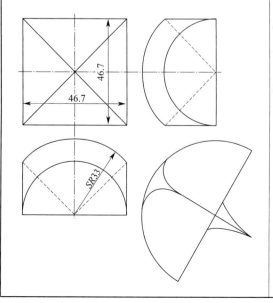

造型亮点：

(1)主视图外轮廓为 46.7×46.7 的正方形,而俯视图外轮廓为 *SR*33 的球面投影,证实其基体为球。

(2)主视图中的对角线对应俯视图中的半圆,是上下对顶的两个圆锥坑的投影。

(3)俯视图中的两条虚线与左视图中的半圆对应,应是左右对顶的两个圆锥坑的投影。

续表

空间解析：

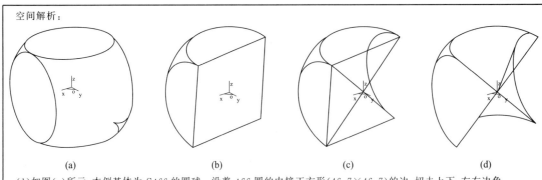

| (a) | (b) | (c) | (d) |

(1)如图(a)所示,本例基体为 $S\phi66$ 的圆球。沿着 $\phi66$ 圆的内接正方形(46.7×46.7)的边,切去上下、左右边角。

(2)如图(b)所示,切去前面一半。

(3)如图(c)所示,左右相对各挖一圆锥孔(顶圆直径 $\phi46.7$,锥度 45°)。

(4)如图(d)所示,上下相对也各挖一圆锥孔(顶圆直径 $\phi46.7$,锥度 45°)。

造型流程：

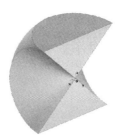

| (a1) | (b1) | (c1) | (d1) |

(1)如图(a1)所示,基体(球)三维建模,选择 XZ 基准面,绘制【草图】$\phi66$ 圆的内接正方形(46.7×46.7),沿其边,切去上下、左右边角。

(2)如图(b1)所示,切去前面一半。

(3)如图(c1)所示,左右相对各挖一圆锥孔(分别选择左右侧面,绘制【草图】$\phi46.7$ 的圆,【拉伸除料】40,添加【拔模斜度】45°)。

(4)如图(d1)所示,上下相对各挖一圆锥孔(分别选择上下面,绘制【草图】$\phi46.7$ 的圆,【拉伸除料】40,添加【拔模斜度】45°)——完成造型。

【例 4-8】 根据立体的主、俯视图,补画左视图,进行造型建模。

题设：

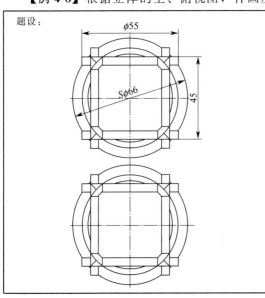

造型建模：

答案：

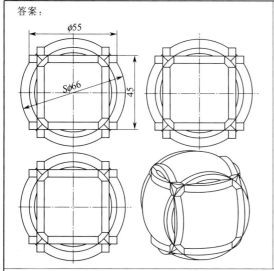

造型亮点：

（1）球体与三个相同圆柱（竖直、水平、纵向）相贯——相贯线为三个相同的 $\phi55$ 圆（水平面圆、侧平面圆、正平面圆）。

（2）球体被三个相同圆柱的顶、底面截切——截交线为三个相同的圆（水平面圆、侧平面圆、正平面圆）。

（3）三个相同的圆柱（竖直、水平、纵向）正贯——形成相贯线，其投影呈对角直线。

空间解析：

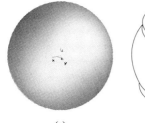   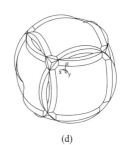

(a)   (b)   (c)   (d)

（1）如图（a）所示，本例基体为 $S\phi66$ 的圆球。

（2）如图（b）所示，添加一竖直圆柱（$\phi55$、高 45），圆柱曲面与圆球相贯（相贯线为圆），圆柱顶、底平面与球截交（截交线也为圆）。

（3）如图（c）所示，又添加一水平圆柱（$\phi55$、长 45），圆柱曲面与圆球相贯（相贯线为圆），圆柱顶、底平面与球截交（截交线也为圆）。

（4）如图（d）所示，还添加一纵向圆柱（$\phi55$、长 45），圆柱曲面与圆球相贯（相贯线为圆），圆柱顶、底平面与球截交（截交线也为圆）。

造型流程：

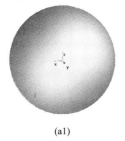   

(a1)   (b1)   (c1)   (d1)

（1）如图（a1）所示，基体（球）三维建模——选择 XZ 基准面，绘制【草图】$\phi66$ 圆的一半，与直径为轴【旋转增料】360°。

（2）如图（b1）所示，选择 XY 基准面，绘制【草图】$\phi55$，【拉伸增料】45——即刻生成相贯线（$\phi55$ 水平面圆）和截交线（圆柱顶、底面截切球体产生的水平面圆）。

（3）如图（c1）所示，选择 YZ 基准面，绘制【草图】$\phi55$，【拉伸增料】45——即刻生成相贯线（$\phi55$ 侧平面圆）和截交线（圆柱顶、底面截切球体产生的侧平面圆）。

（4）如图（d1）所示，选择 XZ 基准面，绘制【草图】$\phi55$，【拉伸增料】45——即刻生成相贯线（$\phi55$ 正平面圆）和截交线（圆柱顶、底面截切球体产生的正平面圆）——完成造型。

【**例 4-9**】根据立体的主、左视图，补画俯视图，进行造型建模。

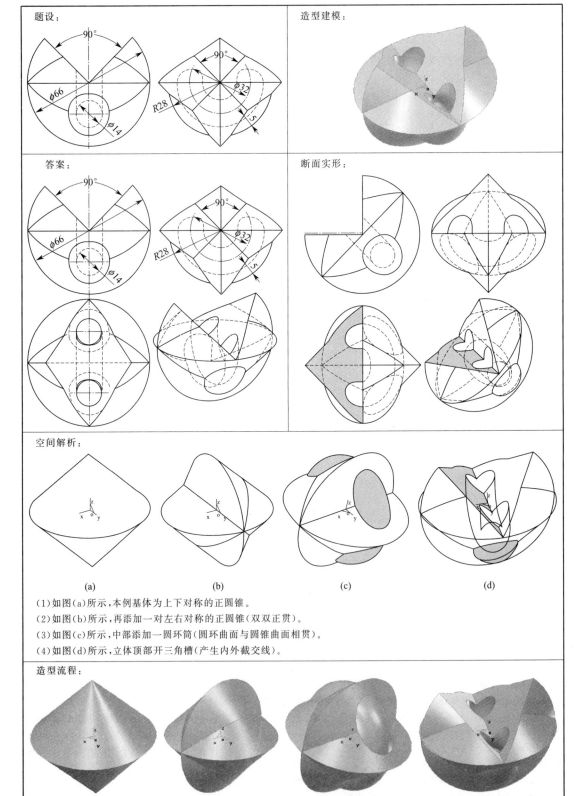

(1) 如图(a)所示，本例基体为上下对称的正圆锥。

(2) 如图(b)所示，再添加一对左右对称的正圆锥(双双正贯)。

(3) 如图(c)所示，中部添加一圆环筒(圆环曲面与圆锥曲面相贯)。

(4) 如图(d)所示，立体顶部开三角槽(产生内外截交线)。

续表

（1）如图（a1）所示，基体（上下对称正圆锥）三维建模；选择 XY 基准面，绘制【草图】$\phi66$ 圆，双向【拉伸增料】80，添加【拔模斜度】45°——完成上下对称两正圆锥三维建模。

（2）如图（b1）所示，左右对称正圆锥三维建模；选择 YZ 基准面，绘制【草图】$\phi66$ 圆，双向【拉伸增料】80，添加【拔模斜度】45°——完成左右对称两正圆锥三维建模（双双正贯）。

（3）如图（c1）所示，中部圆环筒三维建模；选择 XZ 基准面，绘制【草图】同心圆（$\phi24$、$\phi14$）选择轴线（距离水平中心线16），绕此轴线【旋转增料】360°——即刻生成圆环筒三维建模。

（4）如图（d1）所示，顶部三角槽三维建模；选择 XZ 基准面，绘制【草图】双斜线（均与水平面倾斜45°），【拉伸除料】点击【贯穿】——即刻生成顶部三角槽三维建模。

造型亮点：

（1）上下、左右 4 个对称的正圆锥正贯（相贯线为平面曲线——椭圆弧；其侧面投影成相互垂直的对角线）。

（2）中部的圆环外曲面与圆锥曲面产生的相贯线为空间曲线。

（3）顶部三角槽斜面与圆环内孔、圆锥曲面产生内（4段）、外（8段）截交线。

【例 4-10】 根据立体的主、俯视图，补画左视图，采取适当剖视，并进行三维建模。

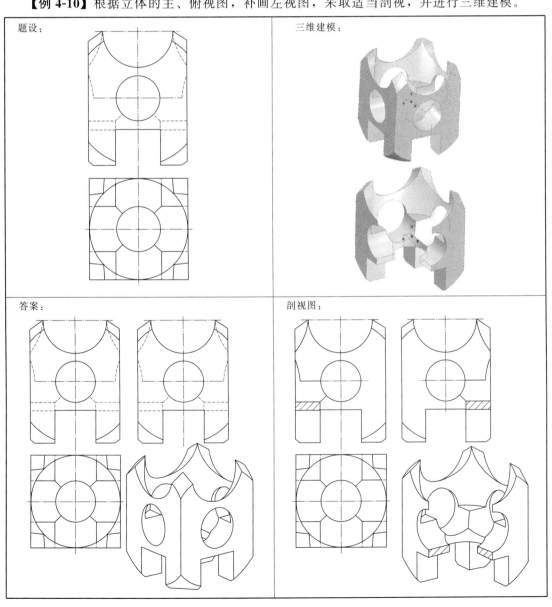

续表

空间解析：

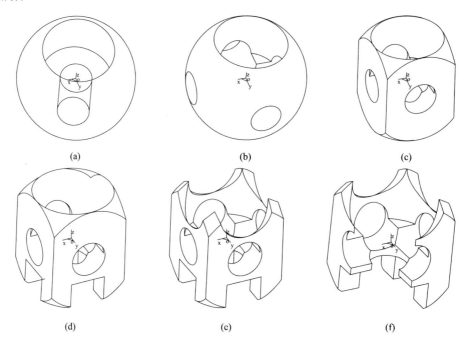

(a)　　　　　　　　　　(b)　　　　　　　　　　(c)

(d)　　　　　　　　　　(e)　　　　　　　　　　(f)

(1)如图(a)所示，本例，基体为圆球($S\phi66$)。从中间向上开大圆孔($\phi40$)，向下开小圆孔($\phi18$)。

(2)如图(b)所示，从球体中心，前后、左右钻通小圆孔($\phi18$)。

(3)如图(c)所示，前后、左右切成平面(与大圆孔相切)。

(4)如图(d)所示，底部，前后、左右挖成矩形底槽(宽18)。

(5)如图(e)所示，顶部，前后、左右挖半圆槽($R14$)。

(6)如图(f)所示，为便于观察内部结构，假想将立体左前方剖去1/4。

造型流程：

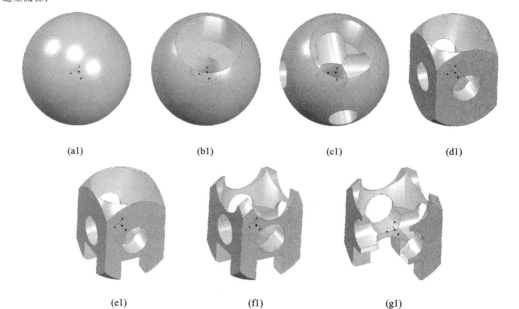

(a1)　　　　　　　　(b1)　　　　　　　　(c1)　　　　　　　　(d1)

(e1)　　　　　　　　　(f1)　　　　　　　　(g1)

(1)如图(a1)所示，基体(圆球)三维建模：选择 XY 基准面，绘制【草图】$R33$ 半圆，绕直径【旋转增料】360°——生成"圆球"三维建模。

续表

（2）如图（b1）所示，大小圆孔三维建模，选择 XY 基准面，绘制【草图】φ40，向上【拉伸除料】40——生成大圆孔三维建模；同理，选择 XY 基准面，绘制【草图】φ18，向下【拉伸除料】40——生成小圆孔三维建模。

（3）如图（c1）所示，前后、左右"小圆孔"三维建模：选择 XZ 基准面，绘制【草图】φ18，【拉伸除料】点击【贯穿】——生成前后通"小圆孔"三维建模；同理，选择 YZ 基准面，绘制【草图】φ18，【拉伸除料】点击【贯穿】——生成左右通"小圆孔"三维建模。

（4）如图（d1）所示，前后、左右"切平面"三维建模：选择 XY 基准面，绘制【草图】40×40 的正方形（大圆孔的外切正方形），切掉周边——生成前后、左右"切平面"三维建模。

（5）如图（e1）所示，前后、左右"底槽"三维建模：选择 XZ 基准面，绘制【草图】18×18 正方形，【拉伸除料】点击【贯穿】——生成前后通"底槽"三维建模；同理，选择 YZ 基准面，绘制【草图】18×18 正方形，【拉伸除料】点击【贯穿】——生成左右通"底槽"三维建模。

（6）如图（f1）所示，前后、左右"半圆槽"三维建模：选择 XZ 基准面，绘制【草图】R14 半圆，【拉伸除料】点击【贯穿】——生成前后通"半圆槽"三维建模；同理，选择 YZ 基准面，绘制【草图】R14 半圆，【拉伸除料】点击【贯穿】——生成左右通"半圆槽"三维建模。

（7）如图（g1）所示，为便于观察内部结构，假想将立体左前方剖去 1/4。

【例 4-11】 根据立体的主、左视图，补画俯视图，进行造型建模。

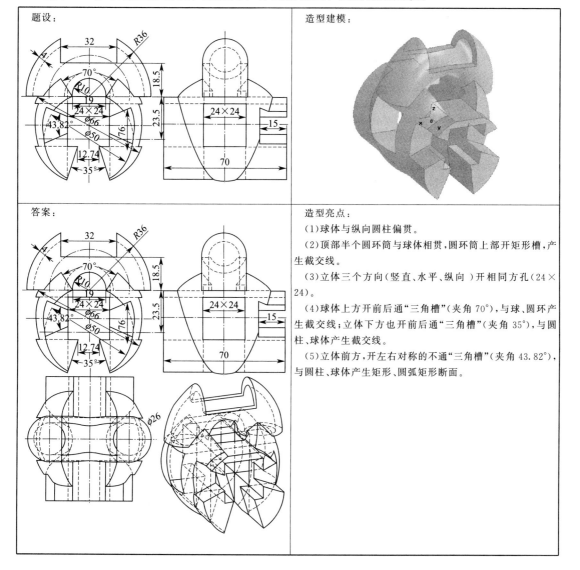

题设：

造型建模：

答案：

造型亮点：

（1）球体与纵向圆柱偏贯。

（2）顶部半个圆环筒与球体相贯，圆环筒上部开矩形槽，产生截交线。

（3）立体三个方向（竖直、水平、纵向）开相同方孔（24×24）。

（4）球体上方开前后通"三角槽"（夹角 70°），与球、圆环产生截交线；立体下方也开前后通"三角槽"（夹角 35°），与圆柱、球体产生截交线。

（5）立体前方，开左右对称的不通"三角槽"（夹角 43.82°），与圆柱、球体产生矩形、圆弧矩形断面。

空间解析：

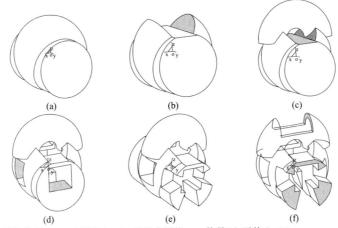

(1)如图(a)所示，本例基体为 $S\phi66$ 的圆球与 $\phi50$ 的纵向圆柱——偏贯(上下偏心16)。

(2)如图(b)所示，球体顶部开三角槽(夹角70°)。

(3)如图(c)所示，球体顶部添加半个圆环筒(断面为同心圆 $\phi26$、$\phi18$)。

(4)如图(d)所示，以球心定位，开通前后、左右、上下"方孔"。

(5)如图(e)所示，圆柱前面开"左右对称三角槽"(夹角43.82°、深15)；立体底部开"三角通槽"(夹角35°)。

(6)如图(f)所示，圆环顶部开通长32的"矩形槽"(底面定位在球心正上方16+18.5处)。

造型流程：

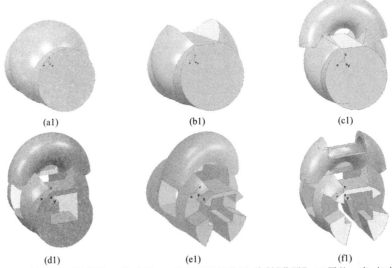

(1)如图(a1)所示，基体(球与圆柱偏贯)三维建模——选择 XY 基准面，绘制【草图】$\phi66$ 圆的一半，与直径为轴【旋转增料】360°——完成球体三维建模；选择 XZ 基准面，在球心正下方7.6处，绘制【草图】$\phi50$ 圆，双向【拉伸增料】70——完成与球偏贯的圆柱三维建模。

(2)如图(b1)所示，球体顶部"三角槽"三维建模；选择 ZX 基准面，在球心正上方16处，绘制【草图】双斜线(与水平面倾斜45°)，【拉伸除料】点击【贯穿】——即刻生成球体顶部三角槽三维建模。

(3)如图(c1)所示，立体顶部"半圆环筒体"三维建模；选择 ZX 基准面，在距离中心正右方32处，绘制【草图】同心圆($\phi26$、$\phi18$)，与中心线为轴【旋转增料】180°——即刻生成半圆环筒三维建模。

(4)如图(d1)所示，前后、左右、上下"方孔"三维建模；选择 XZ 基准面，绘制【草图】24×24正方形(定位在球心)，【拉伸除料】点击【贯穿】——即刻生成前后贯通的方孔；再选择 YZ 基准面，绘制【草图】24×24正方形(定位在球心)，【拉伸除料】点击【贯穿】——即刻生成左右贯通的方孔；还选择 XY 基准面，绘制【草图】24×24正方形(定位在球心)，【拉伸除料】点击【贯穿】——即刻生成上下贯通的方孔。

(5)如图(e1)所示，圆柱前面"左右对称三角槽"三维建模；选择圆柱前面为基准面，以球心定位，绘制【草图】双斜线(夹角43.82°)，【拉伸除料】15——即刻生成左右对称的"三角槽"三维建模；立体底部"三角通槽"三维建模；选择圆柱前面为基准面，以球心定位，绘制【草图】双斜线(夹角35°)，【拉伸除料】点击【贯穿】——即刻生成"三角通槽"三维建模。

(6)如图(f1)所示，圆环顶部"矩形槽"三维建模；选择 XZ 基准面，绘制【草图】32×32正方形(底边定位在球心正上方16+18.5处)，【拉伸除料】点击【贯穿】——即刻生成前后贯通的"矩形槽"三维建模。

【例 4-12】根据立体的主、俯视图，补画左视图，采取适当剖视，进行造型建模。

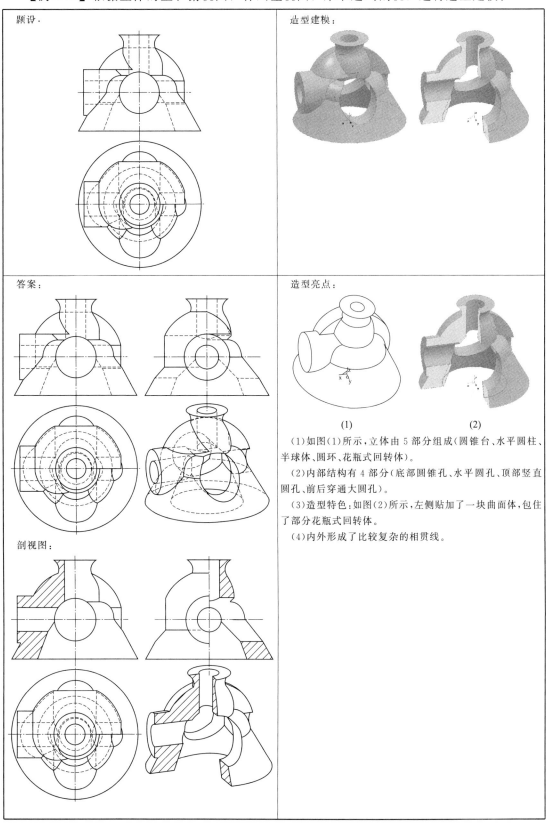

题设：

造型建模：

答案：

剖视图：

造型亮点：

(1)   (2)

（1）如图(1)所示，立体由 5 部分组成（圆锥台、水平圆柱、半球体、圆环、花瓶式回转体）。

（2）内部结构有 4 部分（底部圆锥孔、水平圆孔、顶部竖直圆孔、前后穿通大圆孔）。

（3）造型特色：如图(2)所示，左侧贴加了一块曲面体，包住了部分花瓶式回转体。

（4）内外形成了比较复杂的相贯线。

空间解析：

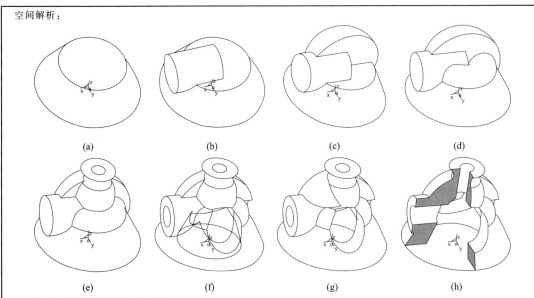

(a)   (b)   (c)   (d)

(e)   (f)   (g)   (h)

(1)如图(a)所示，本例底盘为一圆锥台。

(2)如图(b)所示，圆锥台顶面左侧添加一个水平圆柱。

(3)如图(c)所示，圆锥台顶面后部添加一个半球。

(4)如图(d)所示，圆锥台顶面前部添加一个半圆环。

(5)如图(e)所示，圆锥台顶面上部添加一个花瓶式回转体。

(6)如图(f)所示，圆锥台内部挖圆锥台式内腔、水平圆柱挖水平圆孔、底盘正中，前后挖通一大圆孔(圆孔上方穿过圆环和花瓶底部)。内部互相形成相贯线。

(7)如图(g)所示，花瓶左侧贴加一块曲面体。

(8)如图(h)所示，为方便观察内腔，假想剖切掉左前方1/4。

造型流程：

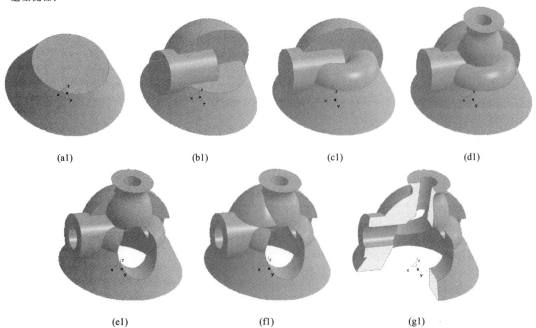

(a1)   (b1)   (c1)   (d1)

(e1)   (f1)   (g1)

(1)如图(a1)所示，基体(圆锥台)三维建模：选择 XY 基准面。绘制【草图】ϕ66 圆，【拉伸增料】20，添加【拔模斜度】30°——生成"圆锥台"三维建模。

续表

（2）如图（b1）所示，叠加"半球"和"小圆筒"三维建模：选择 YZ 基准面，绘制【草图】$\phi 24$、$\phi 12$ 双圆，向右【拉伸增料】30——生成"小圆筒"三维建模；再绘制【草图】$R 25$ 半圆，【旋转增料】180°——生成"半球"三维建模。

（3）如图（c1）所示，添加"圆环"三维建模：选择 XZ 基准面，绘制【草图】$\phi 18$ 圆，【旋转增料】180°——生成"圆环"三维建模。

（4）如图（d1）所示，"花瓶式回转体"三维建模：选择 XZ 基准面，绘制【草图】$R 5.6$ 与 $R 17$ 圆弧的外切【样条线】，【旋转增料】360°——生成"花瓶式回转体"三维建模。

（5）如图（e1）所示，前后钻通"大圆孔"三维建模：选择 XZ 基准面，绘制【草图】$\phi 22$ 圆，【拉伸除料】，点击【贯穿】——生成"大圆孔"三维建模；水平圆柱钻孔。

（6）如图（f1）所示，花瓶左侧贴加一块"曲面"三维建模：选择 XZ 基准面，运用【实体边界】指令，点击半球平面与花瓶式回转体的边界，形成【草图】[见图（e1）]，绕自身竖直轴【旋转增料】90°——生成"贴曲面"三维建模。

（7）如图（g1）所示，为便于观察内部结构，假想将立体剖去左前方 1/4。

第五节　综合创意造型

◆ 智能梳理

集四种组合形式于一身：如图 4-7 所示。

（1）相叠——两立体以平面接触（底板与三角形肋板相叠）。

（2）相切——两立体表面相切（底板前后侧平面与圆筒曲面相切）。

（3）截交——一立体的平面与另一立体的曲面截交（三角形肋板与圆筒曲面截交）。

（4）相贯——两立体的曲表面相贯（圆筒内外曲面与圆孔相贯、两圆孔相贯）。

如图 4-8 所示为四种组合形式的视图表达要领。

【例 4-13】 根据立体的主、俯视图，补画左视图，并进行三维建模。

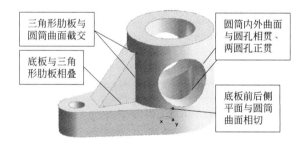

图 4-7　四种组合形式

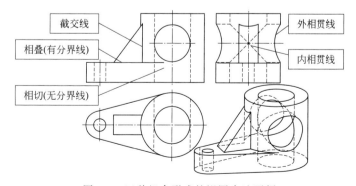

图 4-8　四种组合形式的视图表达要领

题设：

三维建模：

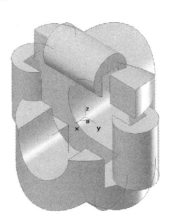

答案：

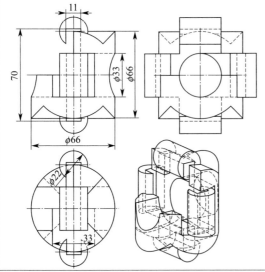

造型亮点：

（1）三等径圆柱正贯（相贯线为对角直线）。

（2）左右穿通圆孔与前方开通方孔相切。

形体解析：基体为三等径圆柱（竖直、水平、纵向圆柱）正贯。

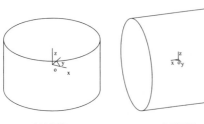 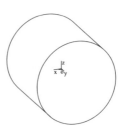 

竖直圆柱	水平圆柱	纵向圆柱	三等径圆柱正贯

结构解析：如下图所示，①前方开通方孔，②左右穿通圆孔，③水平向上切去 1/4，④前方添加小圆柱，⑤上下、前后均布 4 个小圆柱，⑥ 添加 4 个小"矩形槽"。

续表

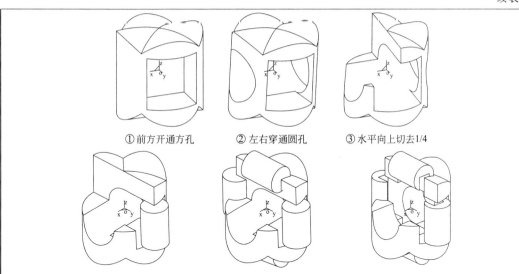

① 前方开通方孔　　② 左右穿通圆孔　　③ 水平向上切去1/4

④ 前方添加小圆柱　　⑤ 上下、前后均布4个小圆柱　　⑥ 添加4个小 "矩形槽"

组合解析：如下图所示，基体为三等径圆柱正贯；左右穿通圆孔与左右曲面正贯；前方开通方孔与前曲面截交、与圆孔相切（无分界线）。

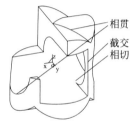

相贯
截交
相切

造型流程：

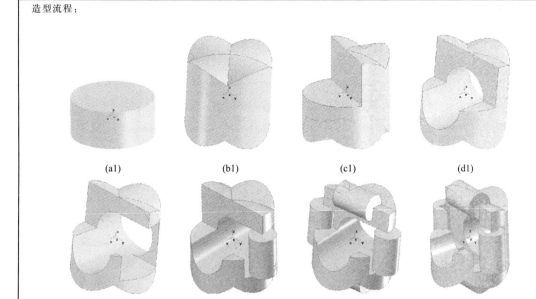

(a1)　　　　(b1)　　　　(c1)　　　　(d1)

(e1)　　　　(f1)　　　　(g1)　　　　(h1)

（1）如图（a1）所示，基体（圆柱）三维建模：选择 *XY* 基准面，绘制【草图】ϕ66 圆，双向【拉伸增料】36——生成"圆柱"三维建模。

(2) 如图(b1)所示,两横竖水平圆柱三维建模:分别选择 *XZ*、*YZ* 基准面,绘制【草图】ϕ66 圆,【拉伸增料】点击【拉伸到面】——生成"三等径圆柱正贯"三维建模。

(3) 如图(c1)所示,立体被切去左上方 1/4 的三维建模:选择 *XY* 基准面,绘制【草图】矩形(涵盖左半部分),【拉伸除料】点击【贯穿】——生成立体被切去左上方 1/4 的三维建模。

(4) 如图(d1)所示,左右穿通圆孔三维建模:选择 *YZ* 基准面,绘制【草图】ϕ33 圆,【拉伸增料】点击【贯穿】——生成"左右穿通圆孔"三维建模。

(5) 如图(e1)所示,前方开"方孔"三维建模:选择 *XZ* 基准面,绘制【草图】33×33 的正方形,【拉伸除料】向前 40——生成前方开"方孔"三维建模。

(6) 如图(f1)所示,小圆柱三维建模:选择 *XY* 基准面,绘制【草图】ϕ22 圆,双向【拉伸增料】33——生成"小圆柱"三维建模。

(7) 如图(g1)所示,绕水平轴线【环形阵列】4 个,阵列 90°——生成均布 4 个"小圆柱"三维建模。

(8) 如图(h1)所示,相距 70 的 4 个矩形槽(宽 11)三维建模:选择 *XY* 基准面,绘制【草图】长方形(33×11)双向【拉伸除料】70——生成上下对称的两个"矩形槽"三维建模。再绕水平轴线【环形阵列】4 个、阵列角 90°——生成均布的 4 个"矩形槽"三维建模。

【例 4-14】 根据立体的主、左视图,补画俯视图,采取适当剖视,并进行三维建模。

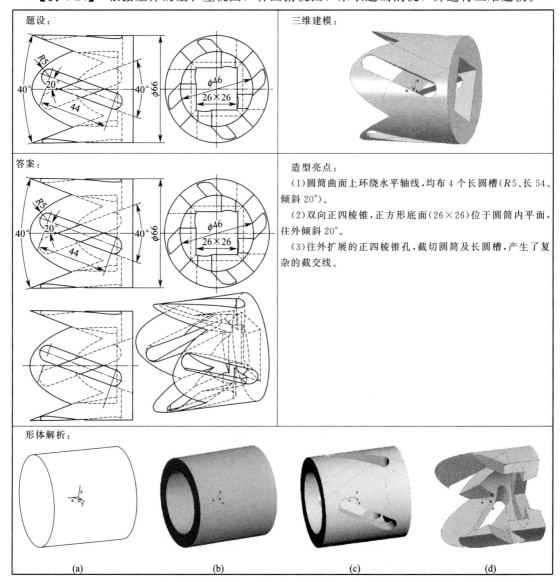

造型亮点:

(1) 圆筒曲面上环绕水平轴线,均布 4 个长圆槽(*R*5、长 54、倾斜 20°)。

(2) 双向正四棱锥,正方形底面(26×26)位于圆筒内平面,往外倾斜 20°。

(3) 往外扩展的正四棱锥孔,截切圆筒及长圆槽,产生了复杂的截交线。

形体解析:

(a)　　　　　(b)　　　　　(c)　　　　　(d)

续表

（1）如图（a）所示，本例基体是圆柱体。

（2）如图（b）所示，进行壁厚 10 的圆筒（左开口、右封闭）造型。

（3）如图（c）所示，环绕水平轴线，均布 4 个"长圆槽"（R5、长 54、与水平轴线倾斜 20°）。

（4）如图（d）所示，位于圆筒右侧，内平面上的 26×26 正方形，双向往外倾斜 20°形成往外扩展的正四棱锥孔，与立体截切，产生复杂的截交线。

造型流程：

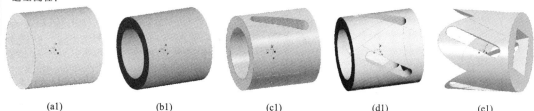

|（a1）|（b1）|（c1）|（d1）|（e1）|

（1）如图（a1）所示，本例基体（圆柱体）三维建模：选择 YZ 基准面。绘制【草图】φ66 圆，双向【拉伸增料】66——形成"圆柱体"三维建模。

（2）如图（b1）所示，壁厚 10 的"圆筒"（左开口、右封闭）三维建模：选择圆柱左侧面为基准面，采取【抽壳】造型，点击圆柱左侧面（意为打通），输入 10（壁厚），确定——生成壁厚 10 的圆筒（左开口、右封闭）。

（3）如图（c1）所示，"长圆槽"三维建模：选择 XY 基准面，绘制【草图】圆角矩形（R5、长 54、倾斜 20°），【拉伸除料】40——形成长圆槽三维建模（穿透上方）。

（4）如图（d1）所示，绕水平轴线均布的 4 个"长圆槽"（穿透外壁）三维建模：选择刚生成的长圆槽，绕水平轴线【环形阵列】（阵列角 90°、均布 4 个）——即可生成绕水平轴线均布的 4 个长圆槽（穿透外壁）的三维建模。

（5）如图（e1）所示，双向四棱锥斜面，"截切立体"三维建模：选择圆筒右侧，内平面为基准面，绘制【草图】26×26 的正方形，双向【拉伸除料】90，添加【拔模斜度】往外 20°——生成比较复杂的组合截交线。

【例 4-15】 根据立体的主、俯视图，补画左视图，采取适当剖视，并进行三维建模。

题设：	三维建模：
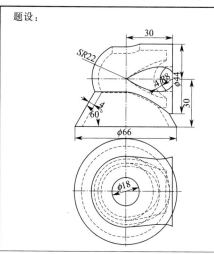	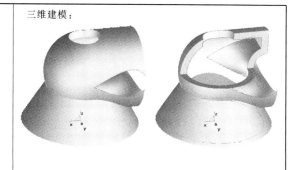
答案： 主视图采取全剖视，俯视图和左视图采取半剖视。 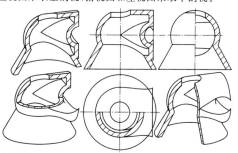	造型亮点： （1）三体（圆锥台、圆柱、半圆球）连贯。 （2）自水平圆柱右侧面中心，绘制【草图】R8 正面圆，绕主轴线【环形阵列】生成圆环槽，与圆柱曲面产生"对称弧形"相贯线。 （3）从圆锥台底面开口，将连贯三体【抽壳】壁厚 4，形成内外相贯的薄壳体。

空间解析：

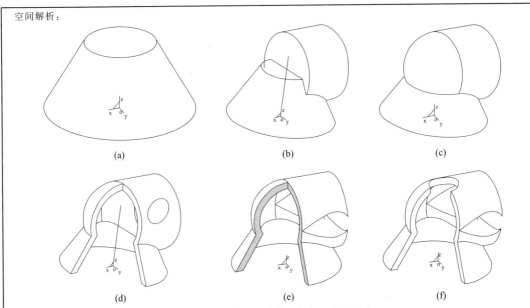

(a) (b) (c)

(d) (e) (f)

(1)如图(a)所示，根据题设，本例基体是一个底圆为 $\phi66$、底角 60°、高 30 的圆锥台。

(2)如图(b)所示，在圆锥台顶面右侧，添加一个水平圆柱（$\phi44$、长 30）。

(3)如图(c)所示，在圆锥台顶面左侧，添加半个圆球（$SR22$）与水平圆柱相切——形成三体（圆锥台、水平圆柱、半个圆球）连贯。

(4)如图(d)所示，从圆锥底面开口，【抽壳】4——使三体连贯实体，形成壁厚 4 的薄壳体。

(5)如图(e)所示，以水平圆柱的右侧面中心，绘制【草图】$R8$ 正面圆，绕主轴线【旋转除料】360°形成圆环槽——与圆柱曲表面产生"对称弧形"相贯线。

(6)如图(f)所示，在立体顶部，竖直开通 $\phi18$ 圆孔。为便于观察内腔，假想剖切掉 1/4。

造型流程：

(a1) (b1) (c1)

(d1) (e1) (f1)

(1)如图(a1)所示，选择 XY 基准面，绘制【草图】$\phi66$ 圆，【拉伸增料】30、添加【拔模斜度】30°——生成圆锥台；再选择 YZ 基准面，在圆锥台顶面绘制【草图】$\phi44$ 圆，向右【拉伸增料】30，生成水平圆柱体。

(2)如图(b1)所示，还选择 YZ 基准面，在圆锥台顶面绘制【草图】$R22$ 半圆，以纵向半径线为轴【环形阵列】180°——生成半个圆球，与圆柱相切。

续表

（3）如图（c1）所示，从圆锥底面开口，【抽壳】4——使三体连带实体，形成壁厚 4 的薄壳体，为便于观察内腔，假想剖切掉 1/4。选择 *XZ* 基准面，在圆锥台顶面绘制【草图】*R*18 正面圆。

（4）如图（d1）所示，将【草图】*R*18 的圆绕主轴线【旋转除料】360°形成圆环槽——与圆柱曲表面产生"对称弧形"相贯线。

（5）如图（e1）所示，在立体顶部，竖直开通一圆孔（φ18）。

（6）如图（f1）所示，为便于观察内腔，假想剖切掉左前方 1/4。

【例 4-16】 根据立体的主、左视图，补画俯视图，采取适当剖视，并进行三维建模。

题设：

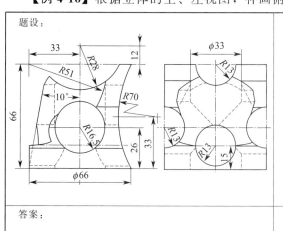

三维建模：

答案：

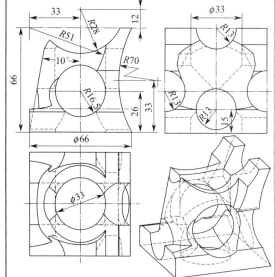

造型亮点：

（1）基体虽简单（边长 66 的正方体），但结构较复杂。

（2）三个圆弧面贯通前后（左侧 *R*51 圆弧面、顶部 *R*28 圆弧面、右侧 *R*70 大圆弧面）与内外结构产生了比较复杂的相贯、截交线。

（3）上下、前后四个半径相同的圆（*R*13），生成了三个半圆槽和一个圆孔，又与内外结构产生了比较复杂的相贯、截交线。

（4）上下、前后两个等径圆孔（φ33）正贯，其内相贯线为平面曲线（椭圆弧），左视图积聚成对角直线；但圆孔与其他结构也产生了比较复杂的相贯、截交线。

空间解析：

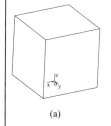
(a)

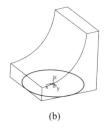
(b)

(c)

(d)

(e)

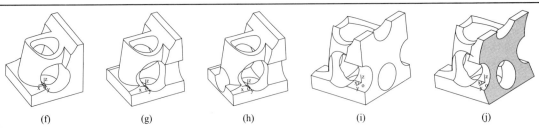

(f)　　　　　　(g)　　　　　　(h)　　　　　　(i)　　　　　　(j)

(1)如图(a)所示,本例基体是 66×66×66 的正方体。

(2)如图(b)所示,左侧切出一个 R51 的大圆弧面。

(3)如图(c)所示,以底面上的 φ66 圆,生成高 66 的正圆锥台(圆锥角 20°)。

(4)如图(d)所示,顶部挖出 R28 的圆弧面。

(5)如图(e)所示,圆锥台上下贯通 φ33 圆孔。

(6)如图(f)所示,前后贯通 φ33 圆孔(与上下贯通的 φ33 圆孔正贯)。

(7)如图(g)所示,在基体的前后,各挖切出左右穿透的半圆槽(R13)。

(8)如图(h)所示,在基体的下部,左右穿透 φ26 的圆孔。

(9)如图(i)所示,在基体的顶部,左右穿透 R13 的半圆槽。

(10)如图(j)所示,在基体的右侧,前后穿透 R70 的大圆弧面。

造型流程:

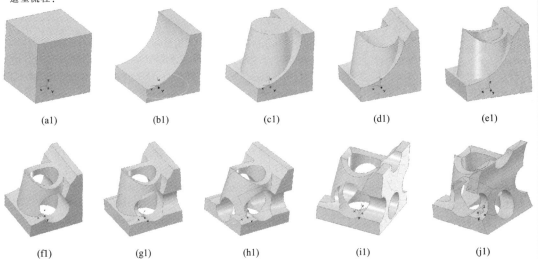

(a1)　　　　　　(b1)　　　　　　(c1)　　　　　　(d1)　　　　　　(e1)

(f1)　　　　　　(g1)　　　　　　(h1)　　　　　　(i1)　　　　　　(j1)

(1)如图(a1)所示,基体(正方体)三维建模:选择 XY 基准面,绘制【草图】66×66 的正方形,【拉伸增料】66——完成基体(正方体)三维建模。

(2)如图(b1)所示,"大圆弧面"三维建模:选择 XZ 基准面,绘制【草图】φ102 圆,【拉伸除料】点击【贯穿】——完成大圆弧面三维建模。

(3)如图(c1)所示,"竖直圆锥台"三维建模:选择 XY 基准面,绘制【草图】φ66 圆,【拉伸增料】66,添加【拔模斜度】10°——完成竖直圆锥台三维建模。

(4)如图(d1)所示,"顶部圆弧面"三维建模:选择 XZ 基准面,绘制【草图】φ56 圆(圆心距离圆锥台顶面圆心的正上方12),【拉伸除料】点击【贯穿】——完成顶部圆弧面三维建模。

(5)如图(e1)所示,"上下贯通圆孔"三维建模:选择 XY 基准面,绘制【草图】φ33 圆,【拉伸除料】点击【贯穿】——完成上下贯通圆孔三维建模。

(6)如图(f1)所示,"前后贯通圆孔"三维建模:选择 XZ 基准面,绘制【草图】φ33 圆(圆心距离圆锥台底面圆心的正上方26),【拉伸除料】点击【贯穿】——完成前后贯通圆孔三维建模。

(7)如图(g1)所示,"前后对称半圆槽"三维建模:选择 YZ 基准面,绘制【草图】φ26 双圆(圆心分别位于前后两面,且距离基体底面正上方 26),【拉伸除料】点击【贯穿】——完成前后对称半圆槽三维建模。

(8)如图(h1)所示,"左右贯通圆孔"三维建模:选择 YZ 基准面,绘制【草图】φ26 圆(圆心位于竖直圆锥台轴线上,且距离底面正上方 15),【拉伸除料】点击【贯穿】——完成左右贯通圆孔三维建模。

续表

　(9)如图(i1)所示,"顶部小半圆槽"三维建模:选择 YZ 基准面,绘制【草图】$\phi26$ 圆(圆心位于竖直圆锥台轴线与基体顶面的交点),【拉伸除料】点击【贯穿】——完成顶部小半圆槽三维建模。

　(10)如图(j1)所示,"右侧大圆弧面"三维建模:选择 XZ 基准面,过右侧面上下两个端点,绘制【草图】$\phi140$ 圆,【拉伸除料】点击【贯穿】——完成右侧大圆弧面三维建模。

【例 4-17】 根据立体的主、左视图,补画俯视图,采取适当剖视,并进行三维建模。

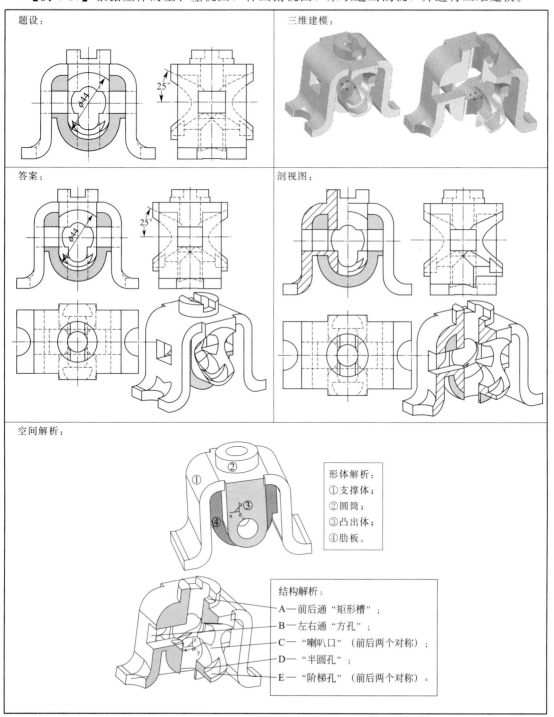

题设:

三维建模:

答案:

剖视图:

空间解析:

形体解析:
①支撑体;
②圆筒;
③凸出体;
④肋板。

结构解析:
A—前后通"矩形槽";
B—左右通"方孔";
C—"喇叭口"(前后两个对称);
D—"半圆孔";
E—"阶梯孔"(前后两个对称)。

续表

造型流程：

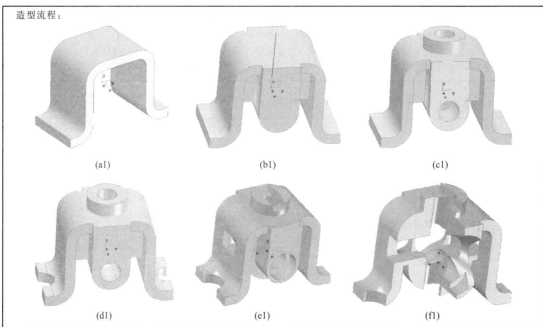

(a1)　　　　　　　　　　　(b1)　　　　　　　　　　　(c1)

(d1)　　　　　　　　　　　(e1)　　　　　　　　　　　(f1)

(1)"支撑体"三维建模：选择 XZ 基准面，绘制【草图】[如图(a1)所示]，双向【拉伸增料】50——生成"支撑体"三维建模。

(2)"凸出体"三维建模：选择 XZ 基准面，绘制【草图】[如图(b1)所示]，双向【拉伸增料】60——生成"凸出体"三维建模。

(3)如图(c1)所示，顶部"圆筒"三维建模：选择支撑体顶面为基准面，绘制【草图】ϕ32，【拉伸增料】10——生成"圆柱"三维建模；分别选择 XY、XZ 基准面，绘制两个【草图】ϕ16 圆、ϕ16 圆，【拉伸除料】点击【贯穿】——生成上下通圆孔和前后通圆孔。

(4)如图(d1)所示，底部左右两侧"半圆孔"三维建模：选择底板平面为基准面，绘制【草图】R11 圆，【拉伸除料】点击【贯穿】——生成左右两侧"半圆孔"三维建模。

(5)如图(e1)所示，①顶部"矩形槽"三维建模：选择圆筒顶面为基准面，绘制【草图】12×40 矩形，【拉伸除料】10——生成前后通"矩形槽"三维建模；②左右通"矩形孔"三维建模：选择 YZ 基准面，绘制【草图】20×16 矩形，【拉伸除料】点击【贯穿】——生成左右右通"矩形孔"三维建模；③前后"阶梯孔"三维建模：分别选择凸出体前后两个基准面，绘制【草图】ϕ24 圆，向内【拉伸除料】10——生成前后两个"阶梯孔"三维建模。

(6)如图(f1)所示，前后对称两个"喇叭口"三维建模：选择 XZ 基准面，绘制【草图】ϕ26 圆，双向【拉伸除料】添加【拔模斜度】25°——生成前后对称的两个"喇叭口"三维建模。

造型亮点：

(1)前后对称两个"喇叭口"与立体内外形成多处截交、相贯线。

(2)"肋板"部分，按照国家标准，"切薄"时不画剖面线(见图中阴影部分)。

(3)底板左右两侧的半圆孔与"支撑体"下方的圆角处相贯，形成细部相贯线。

第五章
05 Chapter
内腔结构创意造型

第一节　简单内腔创意造型

→ 智能梳理

机件的内部结构投影不可见，规定用虚线表示，如图 5-1 所示。而工程图纸习惯上尽量不画虚线，于是，国家标准规定了剖视法——表达内腔的"图示法"。

（1）剖视　对于机件内部不可见的结构，采用假想的剖切面在适当部位剖开，移去切掉的部分后再进行投影，使不可见部分变成可见，提升了图样的表达功能。如图 5-2 所示。

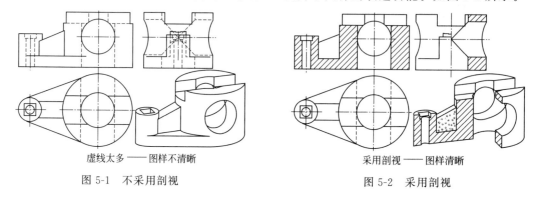

虚线太多 —— 图样不清晰　　　　　　　采用剖视 —— 图样清晰

图 5-1　不采用剖视　　　　　　　图 5-2　采用剖视

（2）三种剖视图　根据不同类型，国家标准规定了三种剖视图：

① 全剖视——应用于内部结构不对称或外形简单的对称的机件。如图 5-2 所示，其中，主视图采取了全剖视（内部结构左右不对称）。

② 半剖视——应用于内部结构对称或基本对称的机件。如图 5-2 所示，其中，左视图采取了半剖视（内部结构前后对称）。注意，半剖与未剖中间的分界线规定画点画线。

③ 局部剖——应用于仅需要剖切局部结构机件。如图 5-3 所示，机架的主、左视图各采取了两处局部剖视（局部剖视图需用细波浪线与未剖部分分界）。

剖面符号规定：金属材料用互相平行且与主轴线成 45° 的细实线，间隔 1～3mm 表示。

肋板、轮辐剖视规定：为了保证图样清晰，肋板、轮辐切薄时，不画剖面线。如图 5-2 所示，主视图的"肋板"部分未画剖面线（切薄）。

（3）五种剖切法　针对内部结构的不同特点，国家标准规定了五种剖切面，以便充分图示表达。

① 单一剖切面——仅用一个剖切面剖开机件。这种剖切方式应用较多，以上图例（图 5-2、图 5-3）都属于"单一剖切面"。下面，图 5-4 所示的斜剖也属于单一剖切面。

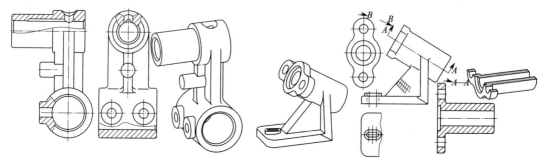

图 5-3　局部剖视　　　　　　　图 5-4　斜剖（转正画法）

② 几个平行的剖切面——阶梯剖。对于机件中呈平行分布的内部结构，可以采用阶梯剖，如图 5-5 所示。

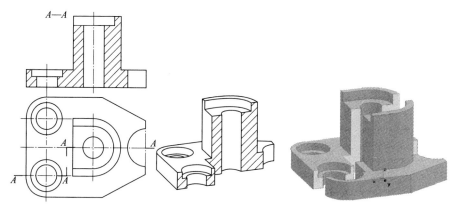

图 5-5 阶梯剖

③ 几个相交的剖切面——旋转剖。对于机件中呈辐射状分布的内部结构，可以采用旋转剖，如图 5-6 所示。

注意：应将倾斜断面转正后再投影，且转折处不投影（不画线）。

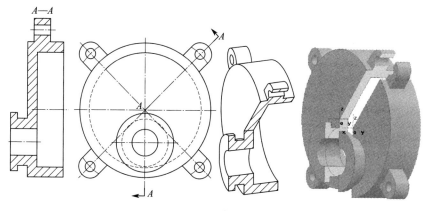

图 5-6 旋转剖

④ 几个平行、相交的剖切面——复合剖。对于机件中无规律分布的内部结构，可以采用复合剖，如图 5-7 所示。注意：画复合剖时，应将所有倾斜断面转正后再投影，且转折处

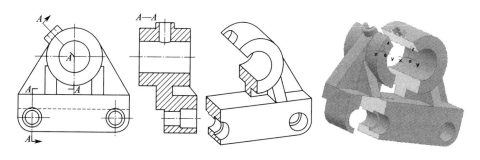

图 5-7 复合剖

不投影（不画线）。

（4）两种断面　对于实心程度较大的轴、肋板、轮辐等结构，往往采用断面（假想用剖切面将机件的某处切断，仅画出断面的实形图）突出表达。如图 5-8 所示。

① 移出断面——画在视图外面的断面（轮廓线规定画粗实线），如图 5-8 中的 $B—B$ 断面。

② 重合断面——画在视图里面的断面（轮廓线规定画细实线），如图 5-8 中轮辐的断面。

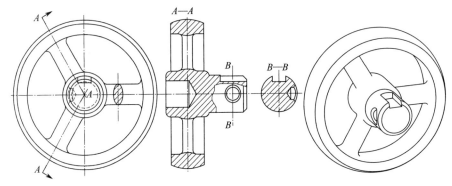

图 5-8　移出断面、重合断面

【例 5-1】根据立体的主、左视图，补画俯视图，采取适当剖视，进行三维建模。

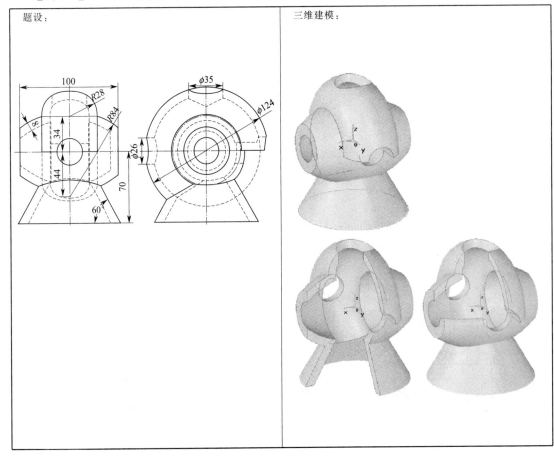

续表

答案:

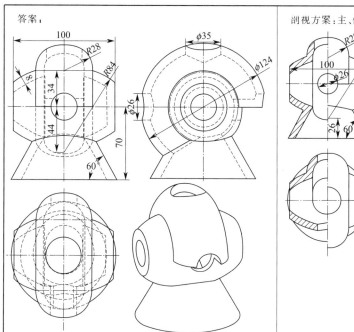

剖视方案:主、俯视图都采用半剖,左视图采取全剖视图。

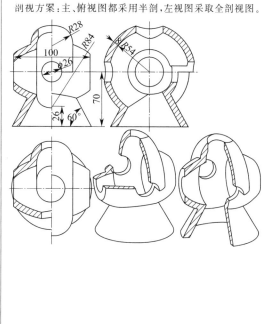

空间解析:

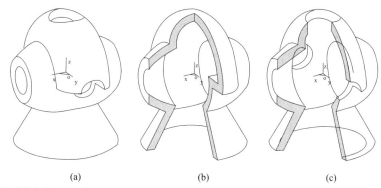

(a)　　　　　　　　　(b)　　　　　　　　　(c)

(1)如图(a)所示,形体解析:三部分组成——自下而上,圆锥台、腰鼓状回转体、1/4圆环。

(2)如图(b)所示,【抽壳】保持壁厚8。为便于显示内腔,假想剖切掉1/4。

(3)如图(c)所示,垂直钻通孔φ35、水平纵向钻通孔φ26。为便于显示内腔,假想剖切掉1/4。

造型流程:

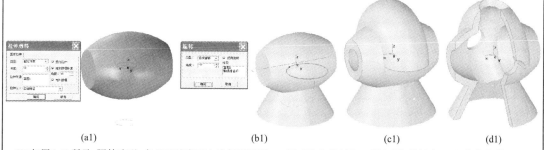

(a1)　　　　　　　　(b1)　　　　　　　　(c1)　　　　　　　　(d1)

(1)如图(a1)所示,腰鼓造型,在XY基准面上绘制【草图】φ24圆,【拉伸增料】70,增加【拔模斜度】30°(向外拔模)——下部圆锥造型。

(2)如图(b1)所示,在XY基准面上绘制【草图】φ56圆,【旋转增料】270°。

续表

(3)如图(c1)所示,形成部分圆环造型。 (4)如图(d1)所示,垂直钻通孔 $\phi35$,水平纵向钻通孔 $\phi26$。为便于显示内腔,假想剖切掉左前 1/4。
造型亮点: (1)三体相贯(圆锥、腰鼓、圆环)。 (2)【抽壳】形成内腔(壁厚 8)。 (3)竖直通孔 $\phi35$、水平纵向通孔 $\phi26$——形成三处相贯线。

【例 5-2】 根据立体的主、左视图,补画俯视图,采取适当剖视,进行三维建模。

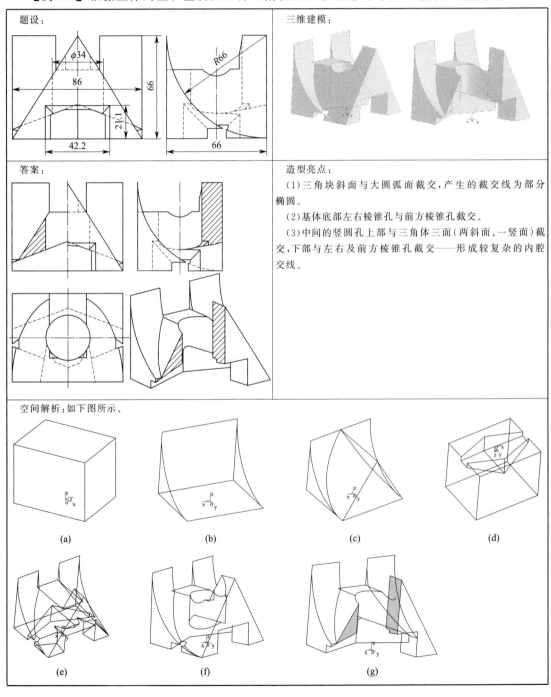

题设:

三维建模:

答案:

造型亮点:

(1)三角块斜面与大圆弧面截交,产生的截交线为部分椭圆。

(2)基体底部左右棱锥孔与前方棱锥孔截交。

(3)中间的竖圆孔上部与三角体三面(两斜面、一竖面)截交,下部与左右及前方棱锥孔截交——形成较复杂的内腔交线。

空间解析:如下图所示。

(a)　　　　(b)　　　　(c)　　　　(d)

(e)　　　　(f)　　　　(g)

续表

（1）如图（a）所示，根据题设，基体为长 86、宽 66、高 66 的长方体。
（2）如图（b）所示，根据题设，基体前后挖成 R66 的圆弧面。
（3）如图（c）所示，根据题设，基体前后形成三角形平面体与圆弧面截交。
（4）如图（d）所示，根据题设，基体下面挖成棱锥台形凹槽。
（5）如图（e）所示，根据题设，三角体顶面向后截切成平台、三角体底面挖切出斜面槽。
（6）如图（f）所示，在三角体顶面平台上，钻孔与三角体三面（两斜面、一竖面）截交，下部与左右及前方棱锥孔截交。
（7）如图（g）所示，为方便显示内腔，假想剖切掉左前 1/4。

造型流程：

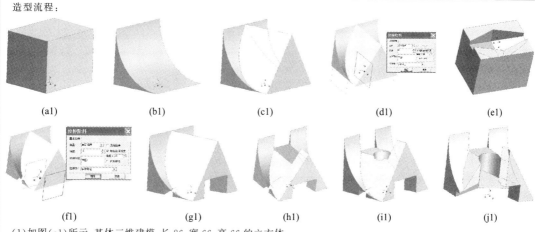

（a1）　　　　　　（b1）　　　　　　（c1）　　　　　　（d1）　　　　　　（e1）

（f1）　　　　　　（g1）　　　　　　（h1）　　　　　　（i1）　　　　　　（j1）

（1）如图（a1）所示，基体三维建模：长 86、宽 66、高 66 的立方体。
（2）如图（b1）所示，选择 YZ 基准面，绘制【草图】R66 圆弧，【拉伸除料】形成圆弧面。
（3）如图（c1）所示，选择 XZ 基准面，绘制【草图】等腰三角形（底长 86、高 66），双向【拉伸增料】66，形成三角形体与圆弧面截交。
（4）如图（d1）所示，选择 YZ 基准面，绘制【草图】44×44 的正方形，双向【拉伸除料】、添加【拔模斜度】20°。
（5）如图（e1）所示，基体下面挖成棱锥台形凹槽。
（6）如图（f1）所示，选择基体前面为基准面，绘制【草图】42×42 的正方形，【拉伸除料】48，添加【拔模斜度】10°。
（7）如图（g1）所示，基体下面开斜度 10°的长方孔。
（8）如图（h1）所示，三角体顶面向后截切成平台。
（9）如图（i1）所示，在三角体顶面平台上，钻 φ34 孔与三角体三面（两斜面、一竖面）截交，下部与左右及前方棱锥孔截交。
（10）如图（j1）所示，为方便显示内腔，假想剖切掉左前 1/4。

【例 5-3】 根据立体的主、俯视图及主要尺寸，补画左视图中的漏线，补画右视图（外形），采取适当剖视，并进行三维建模。

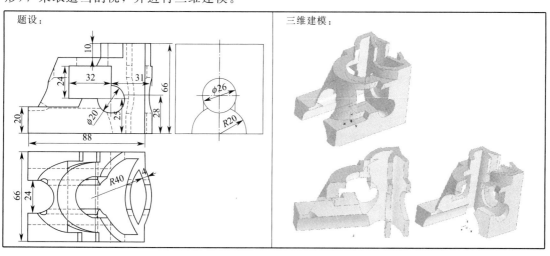

续表

答案：

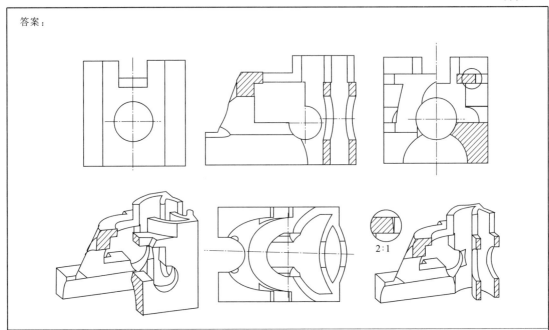

空间解析：

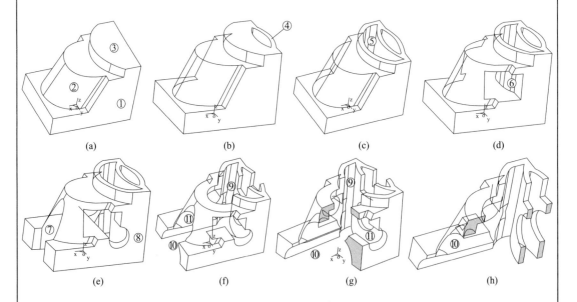

(1)如图(a)所示,形体解析——该立体大致可分为三部分:①左斜面底板;②斜曲面凸台;③圆弧面平台。

(2)如图(b)所示,右侧凸出圆弧曲面中空体④。

(3)如图(c)所示,中空体④左侧,上下掏空月牙内腔⑤。

(4)如图(d)所示,前后开通大方孔⑥。

(5)如图(e)所示,基体左端上下钻通长圆孔⑦、中部前后钻通圆孔⑧。

(6)如图(f)所示,上部自右而左开窄、宽矩形槽及半圆槽⑨;下部左右开大半圆槽至中心⑩;基体左右钻通圆孔⑪。

(7)如图(g)所示,假想剖切掉左前方1/4,便于观察内腔。

(8)如图(h)所示,假想剖切掉前方1/2,便于观察内腔。

续表

造型流程：

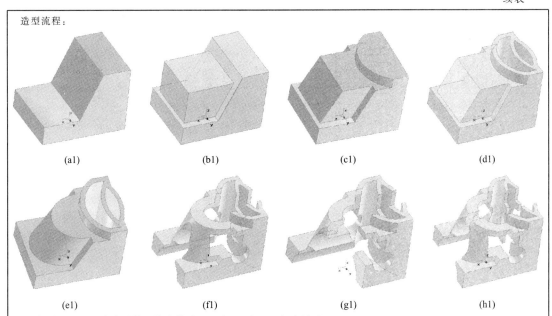

(a1)　　　　　(b1)　　　　　(c1)　　　　　(d1)

(e1)　　　　　(f1)　　　　　(g1)　　　　　(h1)

(1)如图(a1)所示,长方基体三维建模(长88、宽66、高66),切出斜面。

(2)如图(b1)所示,中部添加凸台。

(3)如图(c1)所示,将凸台也切出斜面,顶部添加成圆弧面。

(4)如图(d1)所示,右端上下开通弧面孔和月牙孔。

(5)如图(e1)所示,中部斜面凸台【过渡】成圆弧面。

(6)如图(f1)所示,左端上下开通长方孔、中部前后开通圆孔及小圆孔;上部自右而左开窄、宽矩形槽及半圆槽;下部左右开大半圆槽至中心;基体左右钻通圆孔。

(7)如图(g1)所示,为便于观察内腔,假想剖切掉左前方1/4。

(8)如图(h1)所示,为便于观察内腔,假想剖切掉前方1/2。

造型亮点：

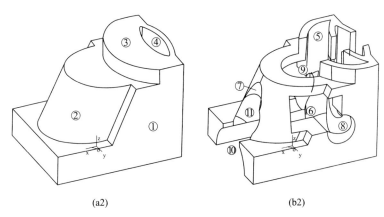

(a2)　　　　　　　　　　　(b2)

(1)形体解析[如图(a2)所示]:本例大致分为四个基体(①下部带斜面的底盘;②叠加斜圆角凸块;③顶面又叠加了圆弧面凸台;④右端凸出弧面中空体)。

(2)内腔结构比较复杂[如图(b2)所示]:顶面圆弧面凸台上下开通月牙槽⑤;前后开通大方孔⑥;基体左端上下钻通长圆孔⑦;中部前后钻通圆孔⑧;上部自右而左开窄、宽矩形槽及半圆槽⑨;下部左右开大半圆槽至中心⑩;基体左右钻通圆孔⑪。

【例5-4】根据立体的主、左视图,补画俯视图,采取适当剖视,根据标注的主要尺寸进行三维建模。

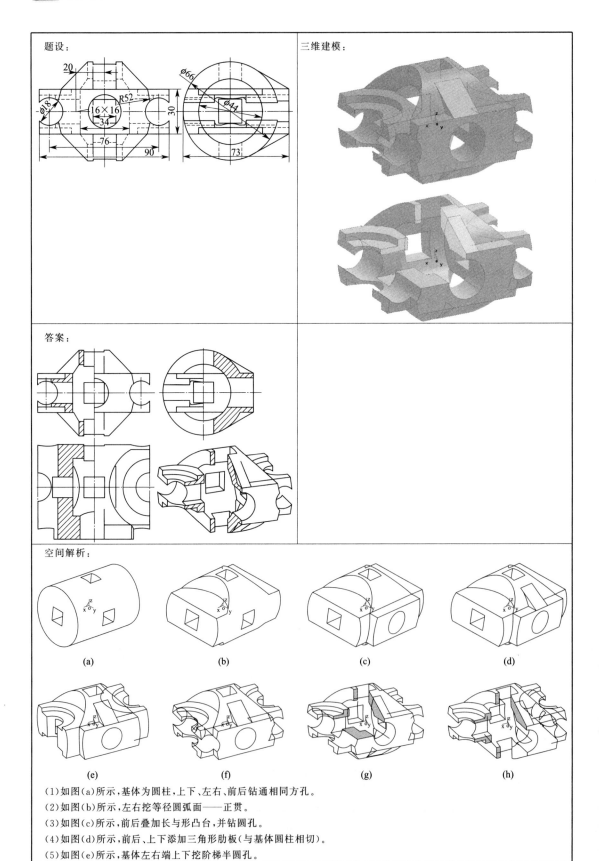

题设：

三维建模：

答案：

空间解析：

(a) (b) (c) (d)

(e) (f) (g) (h)

(1) 如图(a)所示，基体为圆柱，上下、左右、前后钻通相同方孔。

(2) 如图(b)所示，左右挖等径圆弧面——正贯。

(3) 如图(c)所示，前后叠加长与形凸台，并钻圆孔。

(4) 如图(d)所示，前后、上下添加三角形肋板（与基体圆柱相切）。

(5) 如图(e)所示，基体左右端上下挖阶梯半圆孔。

续表

(6)如图(f)所示,基体左右端前后挖大半圆孔。

(7)如图(g)所示,基体中部挖 $\phi44$、长 34 的圆柱状内腔(为便于观察,假想剖开 1/8)。

(8)如图(h)所示,基体中部挖 $\phi44$、长 34 的圆柱状内腔(为便于进一步观察,假想剖开 1/4)。

造型流程:

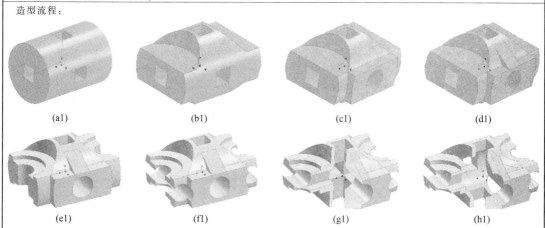

| (a1) | (b1) | (c1) | (d1) |

| (e1) | (f1) | (g1) | (h1) |

(1)如图(a1)所示,在 YZ 基准面上绘制【草图】$\phi66$ 圆,双向【拉伸增料】90,形成圆柱造型,在左右、上下、前后挖 16×16 正方孔。

(2)如图(b1)所示,在上下各距离水平基准面 15 的构造基准面上,挖等径圆弧($\phi66$)与圆柱曲面正贯。

(3)如图(c1)所示,前方添加长圆形凸台,并钻圆孔(为 16×16 正方孔的外接圆)至中心。

(4)如图(d1)所示,凸台上下添加三角形肋板,斜面与圆柱曲面相切。

(5)如图(e1)所示,左右两端上下开阶梯半圆孔。

(6)如图(f1)所示,左右两端前后开通圆孔。

(7)如图(g1)所示,假想剖切掉左前方 1/4,方便显示内部的左、右、上、下、后 穿透方孔,前面串通圆孔(16×16 方孔的外接圆)。

(8)如图(h1)所示,假想剖切掉左前方 1/4,方便显示内部挖圆柱状内腔($\phi44$、长 34)。

【例 5-5】 根据立体的主、左视图,补画俯视图,采取适当剖视,进行三维建模。

| 题设: | 三维建模: |

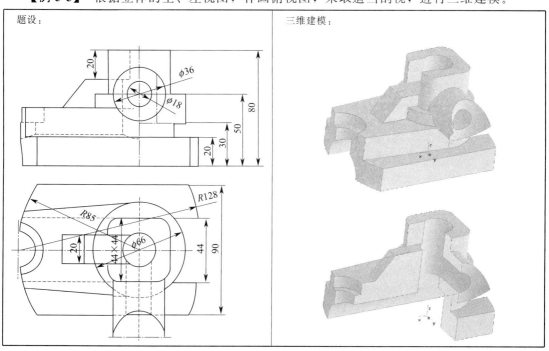

续表

答案：

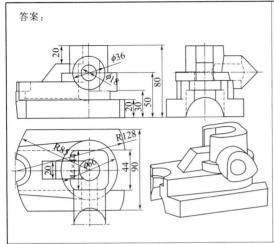

剖视方案：主、左视图都采用局部剖（左右、前后不对称——不允许半剖）。

形体解析：

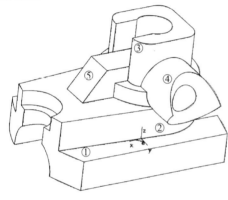

形体解析：

由五部分组成。

① 长圆形阶梯底板；

② 竖圆柱；

③ 圆角方柱；

④ 纵向圆筒；

⑤ 斜方肋板。

组合解析：

相叠：①—②—③、①—⑤。

相切：①上侧面与②曲面。

截交：①前后侧面与左右圆弧。
　　　⑤前后侧面—②、③。

相贯：②—④—③。

①左下部（半圆槽与圆弧曲面）。

④圆筒与前端圆弧正贯。

结构解析：

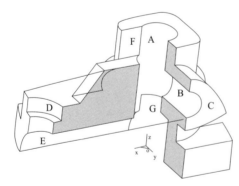

A—上下穿通圆孔；

B—前方穿圆孔；

C—纵向圆柱前方开通等径半圆孔；

D—底板左端开阶梯半圆孔；

E—底板下部左右穿通半圆孔；

F—A 孔左边开方槽；

G—底板右端开方孔。

造型提示：

(a)　　　　　　(b)　　　　　　(c)　　　　　　(d)

续表

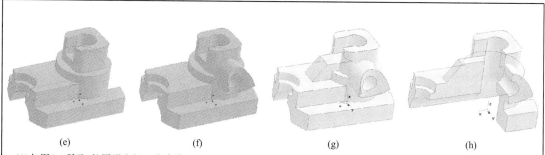

(e)	(f)	(g)	(h)

(1)如图(a)所示,长圆形底板三维建模。

(2)如图(b)所示,底板右上方叠加大圆柱、左边叠加凸台与圆柱截交。

(3)如图(c)所示,凸台左边开半圆阶梯孔,底板左右挖半圆通槽。

(4)如图(d)所示,底板右边开大方槽。

(5)如图(e)所示,圆柱上方再叠加圆角方柱,上下串通圆孔,并在左边开小方槽。

(6)如图(f)所示,圆柱和方柱前方增加纵向小圆筒,其前端被等径圆挖切成圆弧面——正贯。

(7)如图(g)所示,圆角方柱左边添加梯形肋板(与方柱同宽)。

(8)如图(h)所示,为观察内部结构,假想剖去1/4。

造型亮点:

(1)形体由五部分组成(长圆形阶梯底板、竖圆柱、圆角方柱、纵向圆筒、斜方肋板)。

(2)包括四种组合形式:相叠、相切、截交、相贯。

(3)纵向圆筒前端被等径圆挖切成圆弧面——正贯。

(4)主、左视图必须采用局部剖(左右、前后不对称——不允许半剖)。

【例 5-6】根据立体的主、左视图,补画俯视图,采取适当剖视,进行三维建模。

题设:	三维建模:

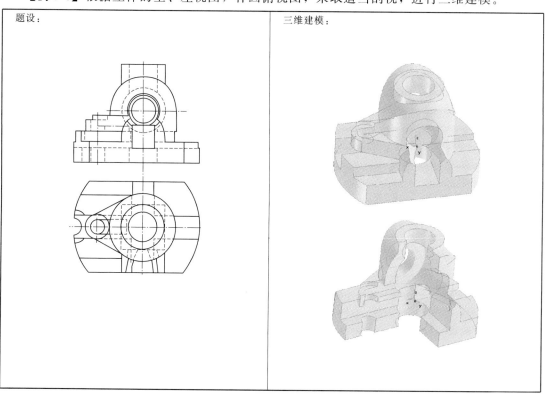

续表

答案:

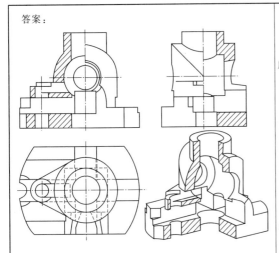

造型亮点:

(1)基体由两等径圆柱正贯形成,如图(a)所示。

(2)大圆柱基体前方穿通圆锥孔、后方穿通圆孔,如图(b)所示。

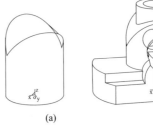

(a)　　　　　　(b)

(3)斜面圆弧平台与大圆柱基体相切、内部的小圆孔与方槽相切,如图(c)所示。

(4)左右、前后方槽与内孔形成多处截交线,如图(d)所示。

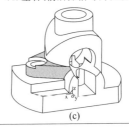 

(c)　　　　　　(d)

形体解析:

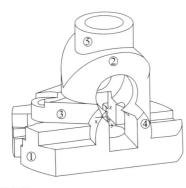

形体由五部分组成:

① 长圆形阶梯底板;

② 竖、纵等径圆柱正贯体;

③ 斜面圆弧平台;

④ 纵向圆形凸台;

⑤ 顶部圆筒凸台。

组合解析:

相叠:①-③。

相切:③-②。

F 本身,竖直穿通小圆孔与水平方槽相切。

截交:①(前后平面与左右曲面截交)。

相贯:②-⑤、②-④。

② 本身,由两等径圆柱正贯形成。

结构解析:

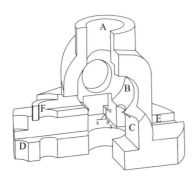

A—上下穿通圆孔;

B—前方穿通大圆锥孔、后方穿通圆孔;

C—下部前后穿通方孔;

D—右边开部分圆形阶梯孔;

E—左右穿通方孔;

F—斜面圆弧平台,竖直穿 通小圆孔并水平开方槽。

续表

造型提示：

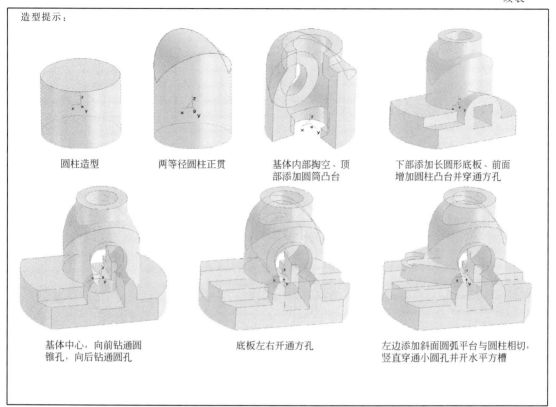

圆柱造型

两等径圆柱正贯

基体内部掏空、顶部添加圆筒凸台

下部添加长圆形底板、前面增加圆柱凸台并穿通方孔

基体中心，向前钻通圆锥孔，向后钻通圆孔

底板左右开通方孔

左边添加斜面圆弧平台与圆柱相切，竖直穿通小圆孔并开水平方槽

第二节 复杂内腔创意造型

【例 5-7】根据立体的主、俯、左视图，采取适当剖视，进行三维建模。

题设：

三维建模：

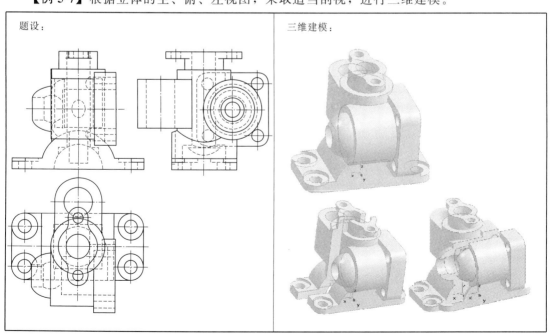

续表

答案：

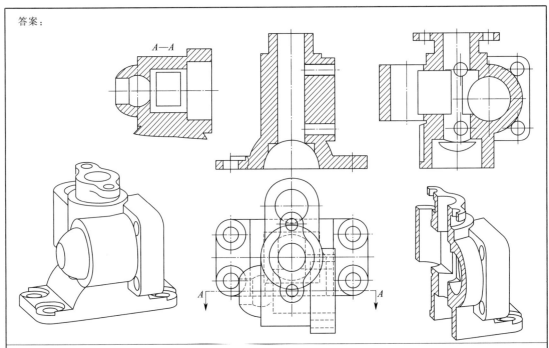

造型亮点：

(1)如图(a)所示，基体中间的竖圆柱与三个立体连接——与下部的半圆柱正贯，与前面的横向圆柱偏贯，与后面的长圆方形体截交。

(2)如图(b)所示，内腔竖向结构：上下穿通圆孔、下部为半圆形内腔。

(3)如图(c)所示，内腔横向结构：前部偏贯体(球、圆柱、方形连接板)，自左而右开小圆孔—内球腔—中圆孔—大圆孔。

(4)如图(d)所示，内部纵向空腔：后部长圆形体中，钻圆孔。

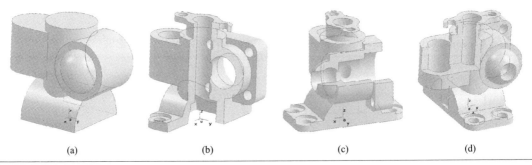

| (a) | (b) | (c) | (d) |

形体解析：

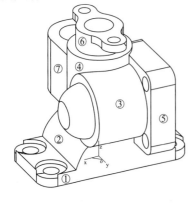

形体由七部分组成：
① 圆角长方形底板
② 纵向半圆柱体
③ 水平圆筒＋半球体
④ 竖直圆筒
⑤ 方形侧板
⑥ 顶面凸台
⑦ 后长圆形体

组合解析：
相叠：③-⑤、④-⑥。
相切：⑥两个凸耳侧面与中间圆柱曲面相切。
截交：①-②、④-⑦。
相贯：②-③、③-④。

续表

结构解析：

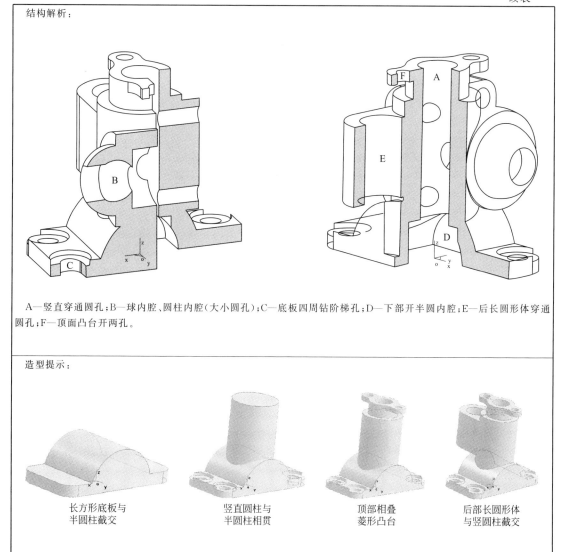

A—竖直穿通圆孔；B—球内腔、圆柱内腔（大小圆孔）；C—底板四周钻阶梯孔；D—下部开半圆内腔；E—后长圆形体穿通圆孔；F—顶面凸台开两孔。

造型提示：

长方形底板与
半圆柱截交

竖直圆柱与
半圆柱相贯

顶部相叠
菱形凸台

后部长圆形体
与竖圆柱截交

前面添加圆筒
与竖圆筒偏贯

前圆筒左面
叠加半球体

前圆筒右面叠
加方形连接板

自左而右开：小圆孔—内
球腔—中圆孔—大圆孔

第三节　内外复杂创意造型

【例5-8】　根据立体的主、俯视图，补画左视图，采取适当剖视，进行三维建模。

题设：

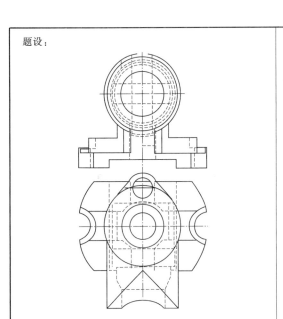

三维建模：

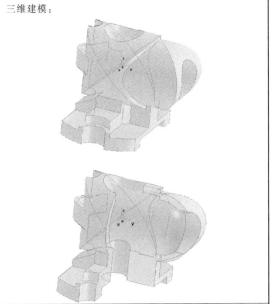

答案：

造型亮点：

（1）基体由两等径圆柱正贯形成，如图（a）所示。

（2）纵向凸出圆柱的前面也为两等径圆柱正贯 形成，如图（b）所示。

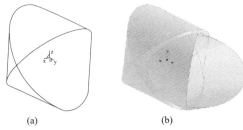

（a）　　　　　　　　（b）

（3）后方斜面圆弧平台与大圆柱相切，内部的小圆通孔与大圆柱相贯，如图（c）所示。

（4）内部空腔（阶梯圆孔＋球面）与上下圆孔及前方圆孔形成多处相贯线，如图（d）所示。

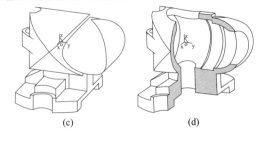

（c）　　　　　　　　（d）

续表

形体解析：

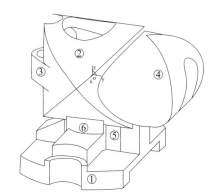

形体解析：由六部分组成。
① 长圆形阶梯底板；
② 竖、纵等径圆柱正贯体；
③ 斜面圆弧凸台；
④ 纵向圆柱＋圆弧形凸台；
⑤ 支撑圆筒；
⑥ 十字肋板（后斜面）。

结构解析：

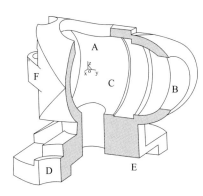

A—竖直穿通上大下小圆孔；
B—前方开通圆孔；
C—内部空腔（阶梯圆孔＋球面）；
D—底板左右开部分圆形阶梯孔；
E—前后穿通方孔；
F—斜面圆弧平台＋竖直穿通小圆孔。

组合解析：

相叠：①-⑤。

相切：③-②。

截交：⑥-②、①（前后平面与左右曲面截交）。

相贯：②-④、②-⑤、B-④、A-②、②、④本身，由两等径圆柱正贯。

造型提示：

两等径圆柱正贯

纵向圆柱+圆弧形凸台

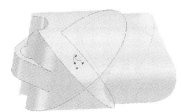
斜面圆弧平台+竖直穿通小圆孔

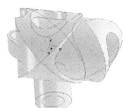
挖内部空腔（阶梯圆孔+球面）和前方开通圆孔下部添加支撑圆筒

添加长圆形阶梯底板

添加十字肋板（后斜面）

竖直穿通上大下小圆孔

【例 5-9】根据立体的主、俯视图，补画左视图，采取适当剖视，并进行三维建模。

题设：	三维建模：
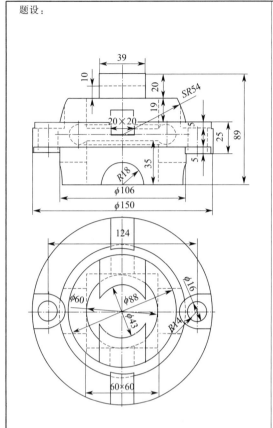	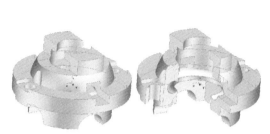

答案：主视图、俯视图、左视图采取半剖视；为表达底部方形孔，采取 A 向局部视图；为表达内部的环形孔，采取断面视图。

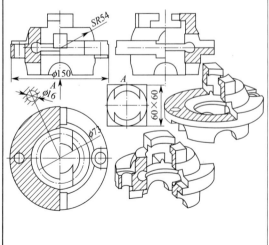

造型亮点：

(1)四个基体是两类基本几何体的叠加(下部的圆柱叠加上大圆盘，再叠加上部分球体，上面又叠加了小圆柱)。

(2)内腔结构比较复杂：部分球体竖直开大圆孔，上部圆柱开小圆孔，下部大圆柱竖直开大方孔。

(3)圆盘左右的阶梯孔与球体曲面偏贯，产生相贯线。

(4)前后开通 20×20 方孔(穿透球体和大圆盘)、下部大圆柱竖直开 60×60 方孔、左右前后穿通 R18 半圆孔。

(5)内部穿通环形孔(断面圆直径 $\phi16$、中心线圆直径 $\phi73$)，如下图所示。

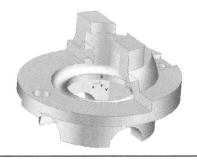

形休解析.

(1)理清四个基体

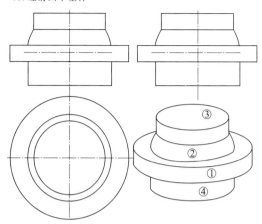

①大圆盘;②部分球体;③上部圆柱;④下部大圆柱。

(2)上部圆筒左右切角、球体内部穿透大圆孔

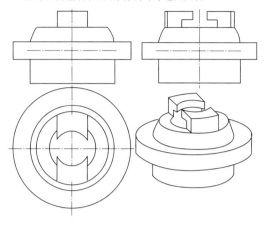

(3)大圆盘左右开阶梯孔

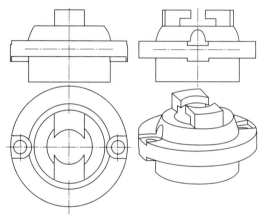

(4)前后开通方孔(穿透球体和大圆盘)、下部左右、前后穿通半圆孔

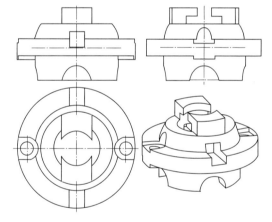

(5)内部穿通环形孔

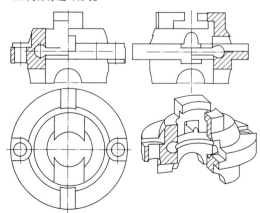

组合解析:

相叠:四体相叠①-④、①-②、②-③。

相切:无。

截交:上部圆筒左右切角与球体内部穿的大圆孔截交;大圆盘左右开阶梯孔;前后开通方孔(穿透球体和大圆盘)、下部左右前后穿通半圆孔。

相贯:内部穿通环形孔与中部大圆孔相贯。

续表

造型流程：

(1)四个基体造型(大圆盘、部分球体、上部圆柱、下部大圆柱)。

(2)上部圆柱开孔、左右切角、球体内部穿透大圆孔。

(3)大圆盘左右开阶梯孔。

(4)前后开通方孔(穿透球体和大圆盘)。

(5)下部大圆柱竖直开方孔、左右、前后穿通半圆孔。

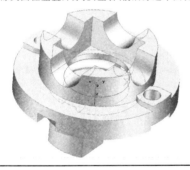

(6)内部穿通环形孔。

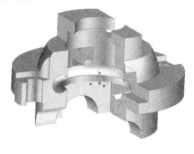

【例 5-10】 根据立体的主、俯视图，补画左视图，采取适当剖视，进行三维建模。

题设：

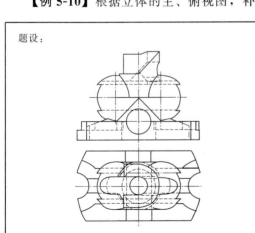

三维建模：

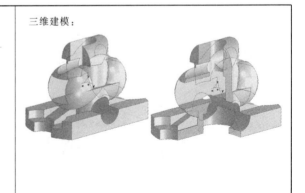

答案:　　　　　　　　　　　　　　　　　剖视方案:主、左视图采取半剖。

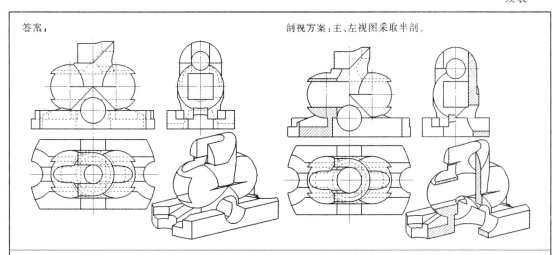

造型亮点:

(1)基体由横向半圆柱和竖圆柱相叠,顶端为等径半圆柱与竖圆柱正贯形成,如图(a)所示。

(2)下端为竖直圆柱与横向半圆柱(等径)正贯形成,如图(b)所示。

(3)左右球体与横向半圆柱相切,与中间的竖直圆柱相贯,如图(c)所示。

(4)下部连接带凹槽的长圆形底板,左右增加斜面肋板,如图(d)所示。

(5)竖直、前后开通圆孔,中部左右开通方孔,底板两侧开通阶梯部分圆孔,如图(e)所示。

(6)顶端增加带方槽的半圆形凸台,如图(f)所示。

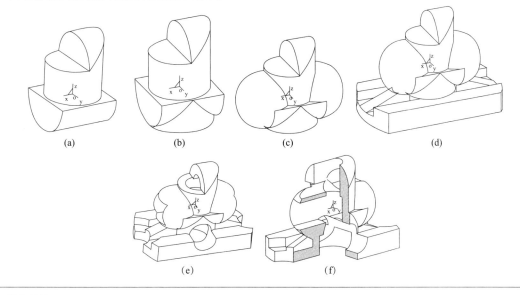

| (a) | (b) | (c) | (d) |

| (e) | (f) |

形体解析:

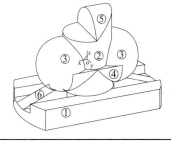

形体由六部分组成:

① 长圆形底板;

② 竖圆柱体;

③ 双球体;

④ 双球间横向半圆柱;

⑤ 右横向等径圆柱正贯;

⑥ 左右肋板(上斜面)。

结构解析：

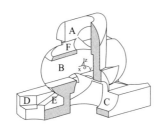

A— 竖直穿通圆孔＋左凸台；

B— 左右开通方孔；

C— 前后穿通方孔；

D— 底板左右开部分圆形阶梯孔；

E— 左右肋板；

F— 双球顶部左右穿通小圆孔。

组合解析：

相叠：①-⑥。

相切：③-④、A 自身的圆孔与方槽。

截交：①（前后平面与左右曲面截交）、⑥-②、⑥-③、B-③。

相贯：②-③、②-⑤、②-④、A-⑤、③-④。

造型提示：

竖圆柱与水平半圆柱相叠、顶部两等径圆柱（半）正贯

添加竖圆柱与水平半圆柱正贯（等径）

左右各添加球体与竖圆柱相贯、与水平半圆柱相切

下部添加带凹槽的长圆形底板和三角形肋板

添加长圆形底板

底板开通凹槽、两侧开部分阶梯圆孔、添加肋板；竖直开通圆孔

前后穿通圆孔

第六章

创意造型研练

第一节 创意造型研练目的

创意造型虽然基于一般造型，但至少是对一般造型的改进。创意造型不是臆想天开的虚无，而是奇思妙想的结晶。要想"创意造型"展翅腾飞，必须善于学习、训练，必须加强研练、实践，必须注重创新思维模式，要在研练、实践中善于捕捉灵感的火花，必须在研练中领悟创意的真谛。

第二节 循序渐进提升创意智能

按照由简到繁、循序渐进的旨意，编排了一套创意造型研练（创意研练）实例，期望引领读者顺利提升创意智能。

【创意研练 1】根据立体的主、俯视图，补画左视图，进行三维建模。

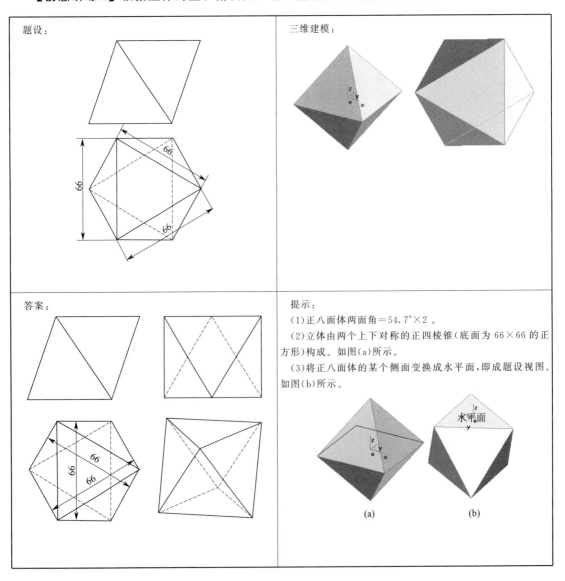

题设：

三维建模：

答案：

提示：
（1）正八面体两面角＝54.7°×2。
（2）立体由两个上下对称的正四棱锥（底面为 66×66 的正方形）构成。如图(a)所示。
（3）将正八面体的某个侧面变换成水平面，即成题设视图。如图(b)所示。

(a)   (b)

【创意研练2】根据立体的主、俯视图，补画左视图，求出阴影断面实形，进行三维建模。

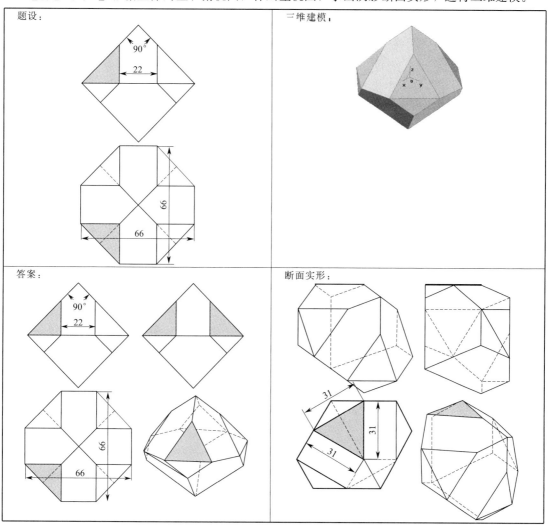

【创意研练3】根据立体的主、俯视图，补画左视图，求出阴影断面实形，进行三维建模。

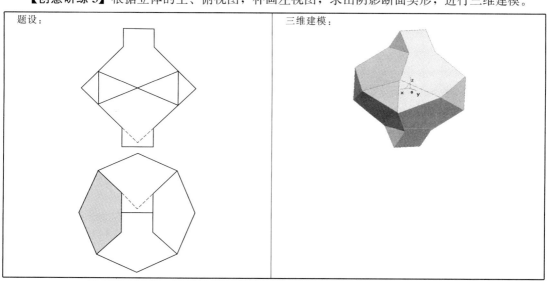

答案：

断面实形：

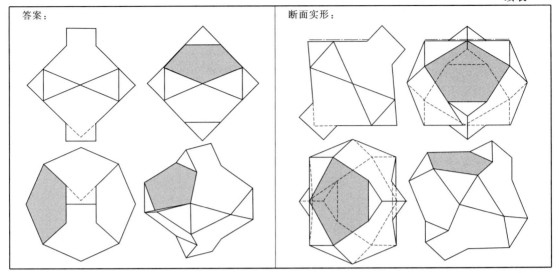

【创意研练 4】根据立体的主、俯视图，补画左视图，求出阴影断面实形，进行三维建模。

题设：

三维建模：

答案：

断面实形：

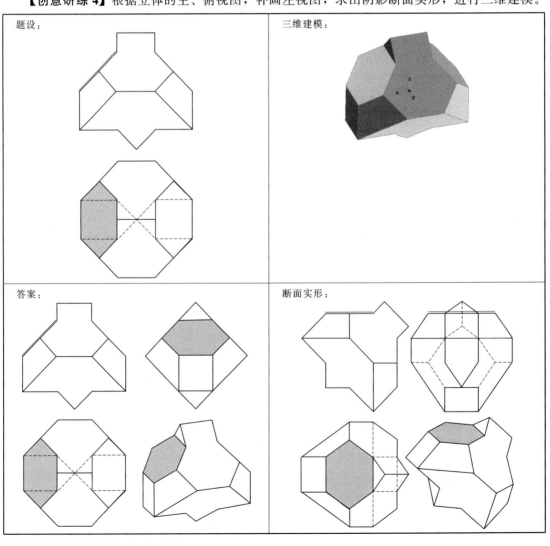

【**创意研练 5**】根据立体的主、俯视图，补画左视图，求出阴影断面实形，进行三维建模。

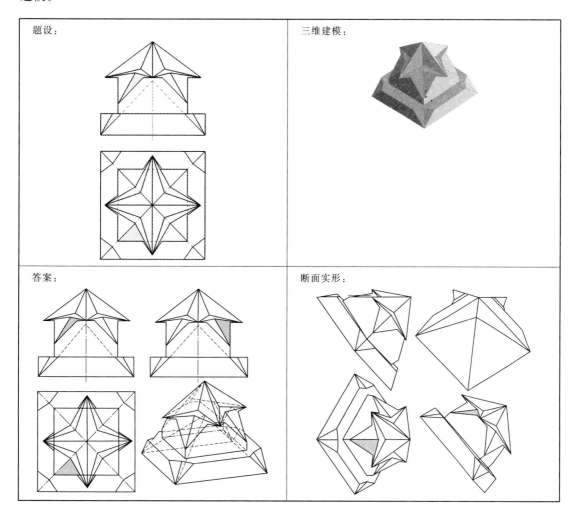

【**创意研练 6**】根据立体的主、俯视图，补画左视图，求出阴影断面实形，进行三维建模。

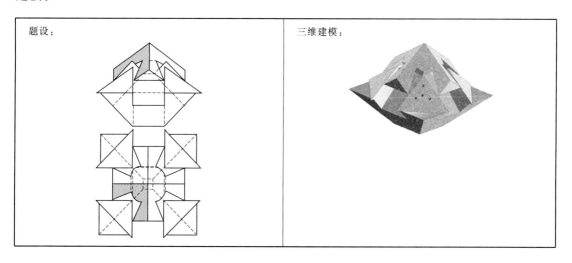

答案：	断面实形：
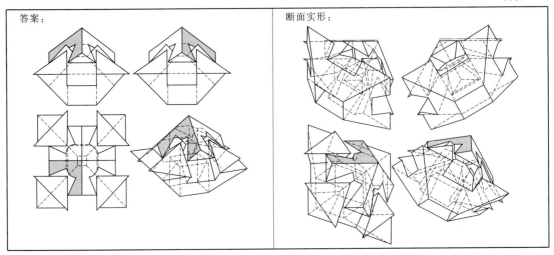	

【创意研练 7】根据立体的主、俯视图，补画左视图，求出阴影断面实形，进行三维建模。

题设：	三维建模：
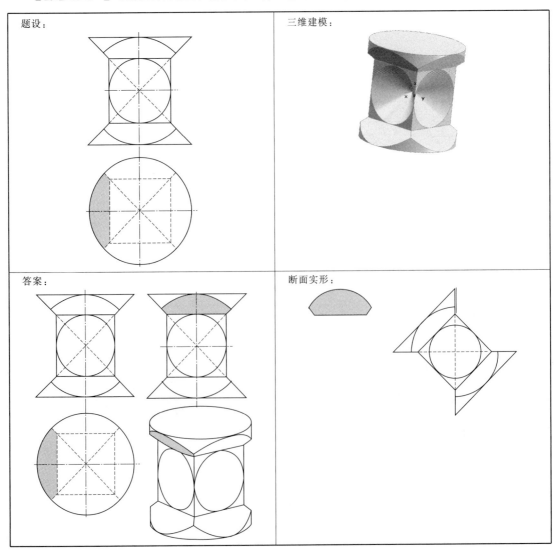	
答案：	断面实形：

【**创意研练 8**】根据立体的主、俯视图，补画左视图，求出阴影断面实形，进行三维建模。

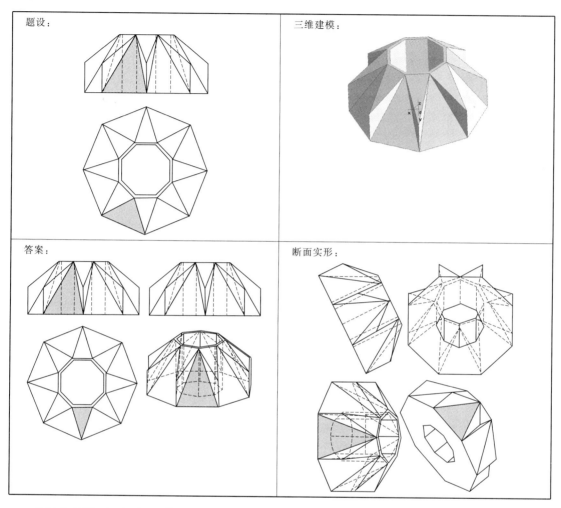

【**创意研练 9**】根据立体的主、俯视图，补画左视图，求出阴影断面实形，进行三维建模。

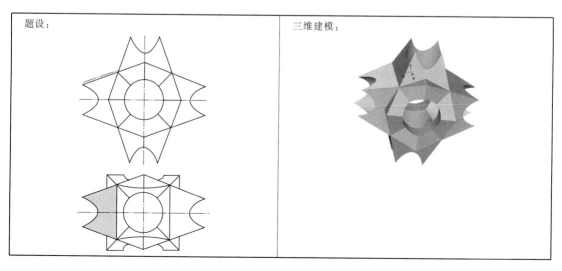

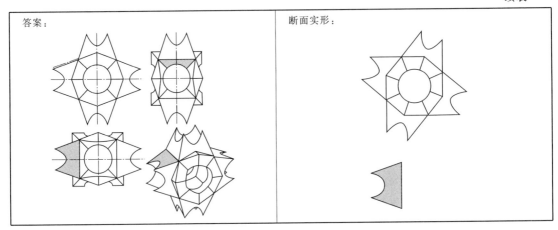

【创意研练 10】 根据立体的主、俯视图，补画左视图，求出阴影断面实形，进行三维建模。

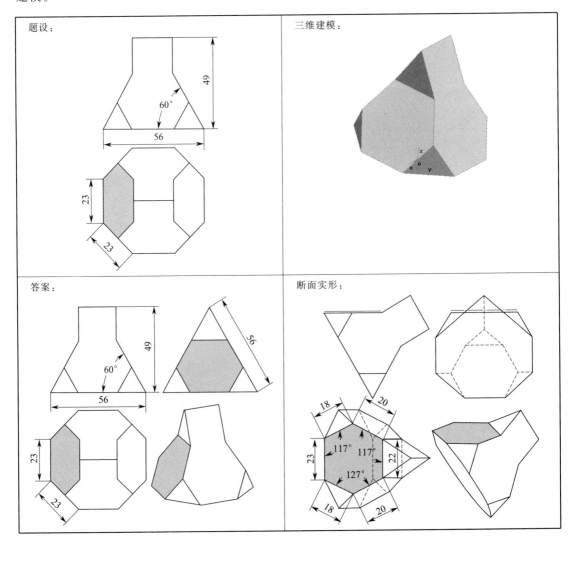

【创意研练 11】根据立体的主、俯视图，补画左视图，求出阴影断面实形，进行三维建模。

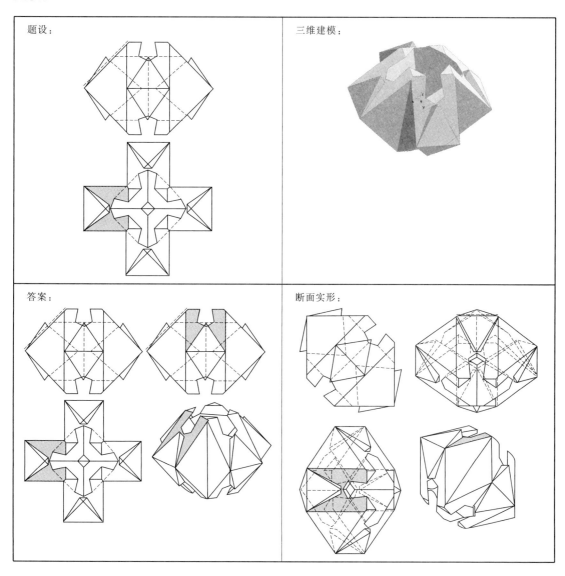

【创意研练 12】根据立体的主、左视图，补画俯视图，求出阴影断面实形，进行三维建模。

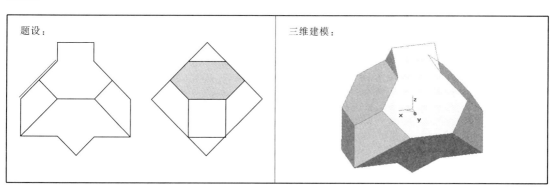

续表

答案：	断面实形：

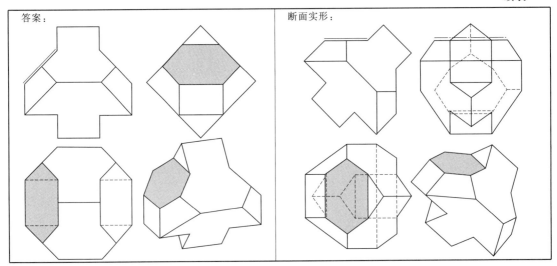

【创意研练 13】根据立体的主、俯视图，补画左视图，求出阴影断面实形，进行三维建模。

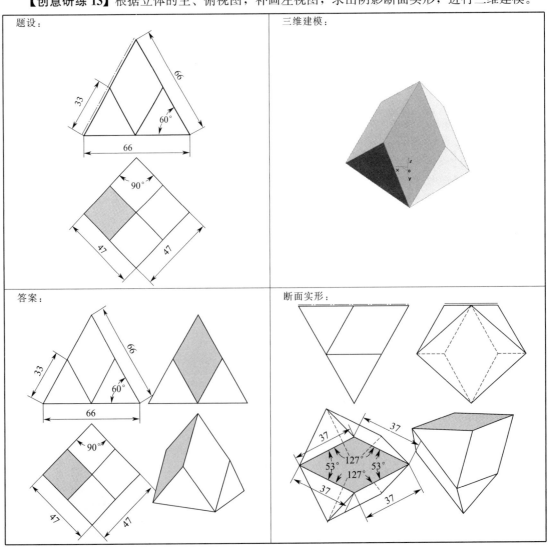

【创意研练 14】根据立体的主、左视图，补画俯视图，求出阴影断面实形，进行三维建模。

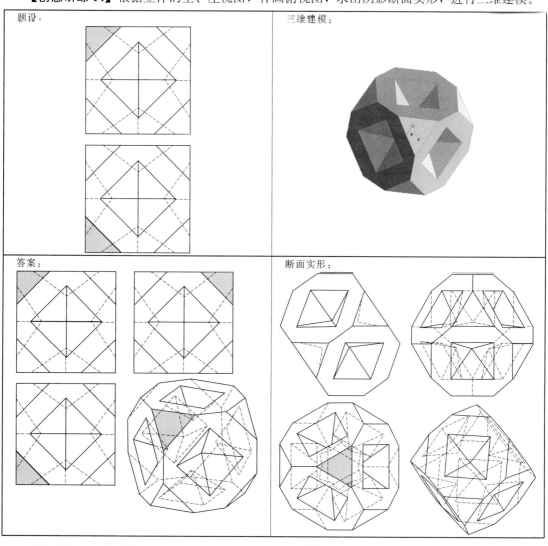

【创意研练 15】根据立体的主、左视图，补画俯视图，求出阴影断面实形，进行三维建模。

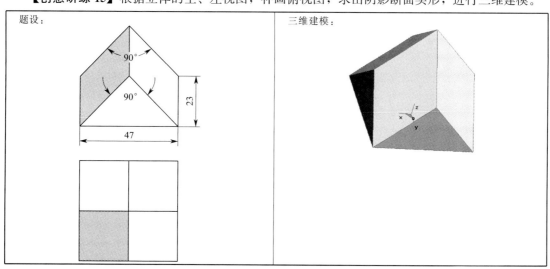

续表

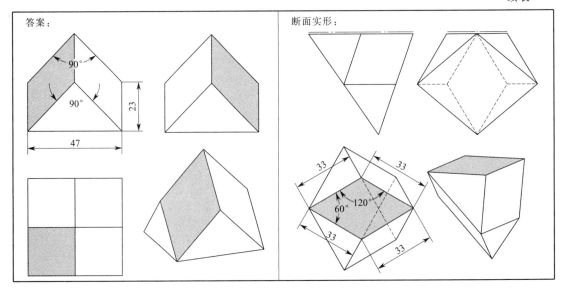

【创意研练 16】根据立体的主、左视图，补画俯视图，求出阴影断面实形，进行三维建模。

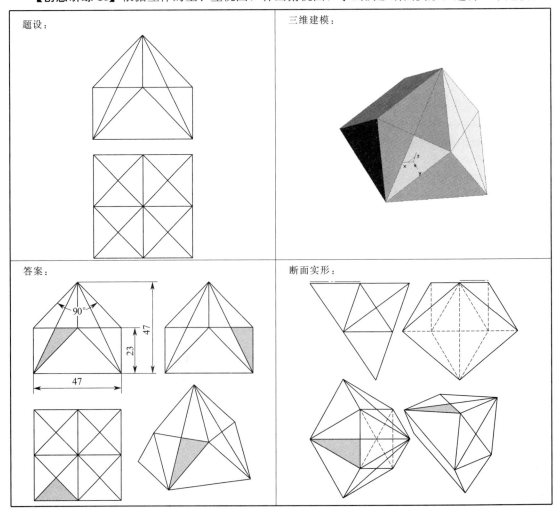

【创意研练 17】根据立体的主、俯视图，补画左视图，求出阴影断面实形，进行三维建模。

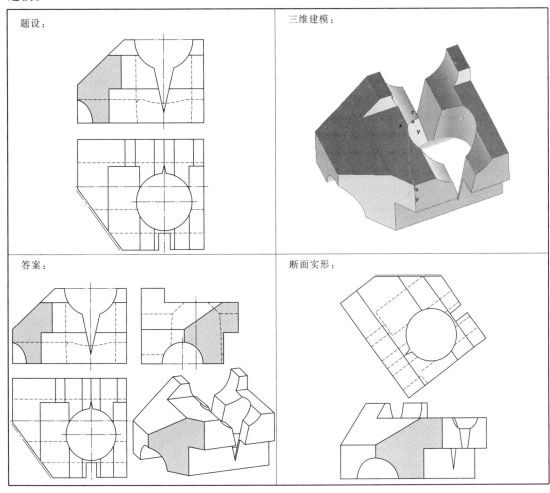

题设：

三维建模：

答案：

断面实形：

【创意研练 18】根据立体的主、左视图，补画俯视图，求出阴影断面实形，进行三维建模。

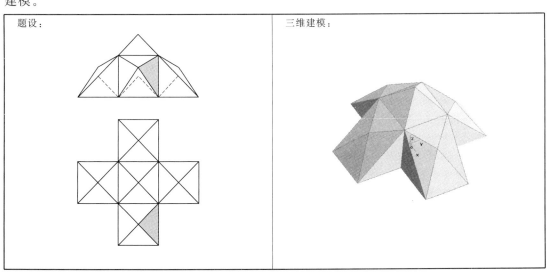

题设：

三维建模：

续表

答案：

断面实形：

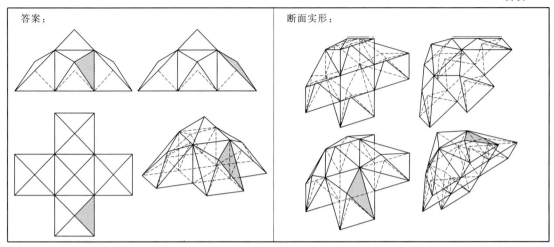

【**创意研练 19**】根据立体的主、左视图，补画俯视图，求出阴影断面实形，进行三维建模。

题设：

三维建模：

答案：

断面实形：

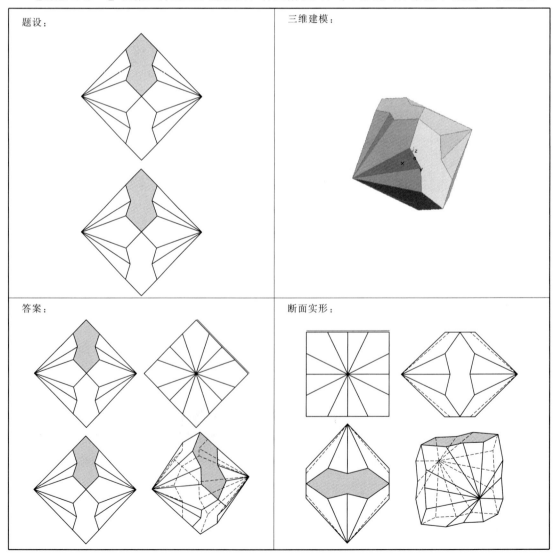

【**创意研练 20**】根据立体的主、俯视图，补画左视图，求出阴影断面实形，进行三维建模。

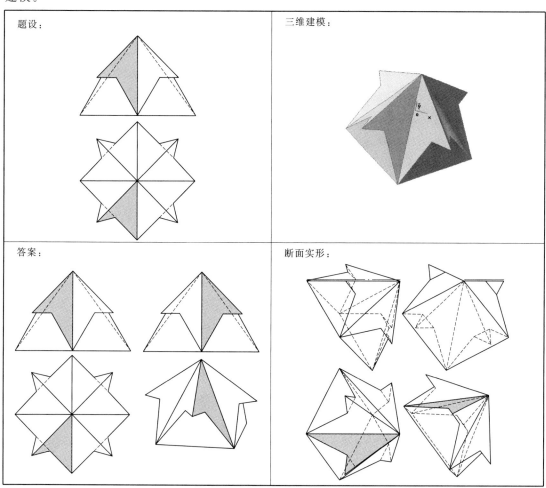

【**创意研练 21**】根据立体的主、俯视图，补画左视图，进行三维建模。

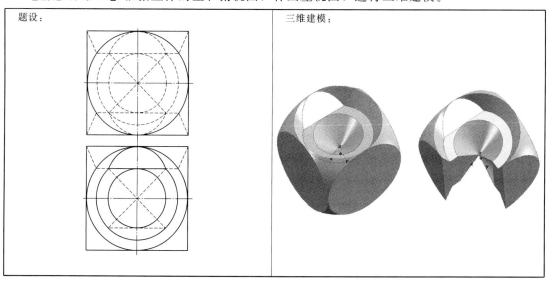

续表

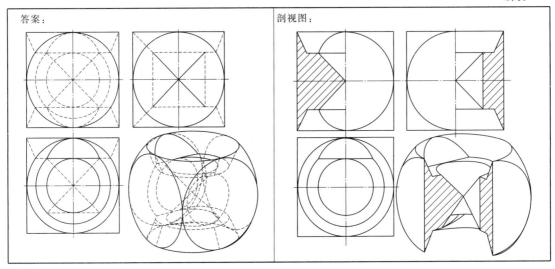

【创意研练 22】根据立体的主、左视图，补画俯视图，采取适当剖视，进行三维建模。

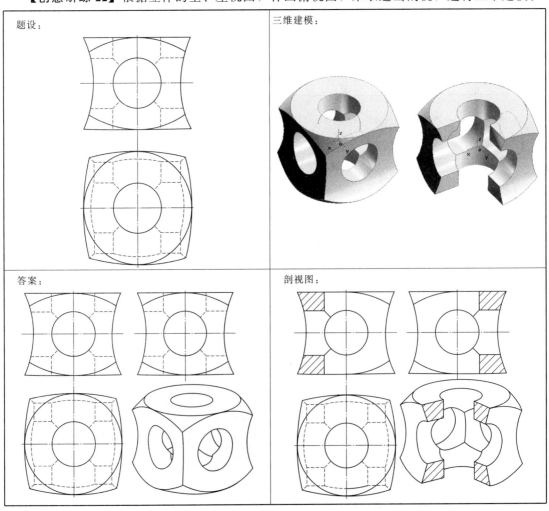

【创意研练 23】根据立体的主、左视图，补画俯视图，采取适当剖视，进行三维建模。

题设：

三维建模：

答案：

断面实形：

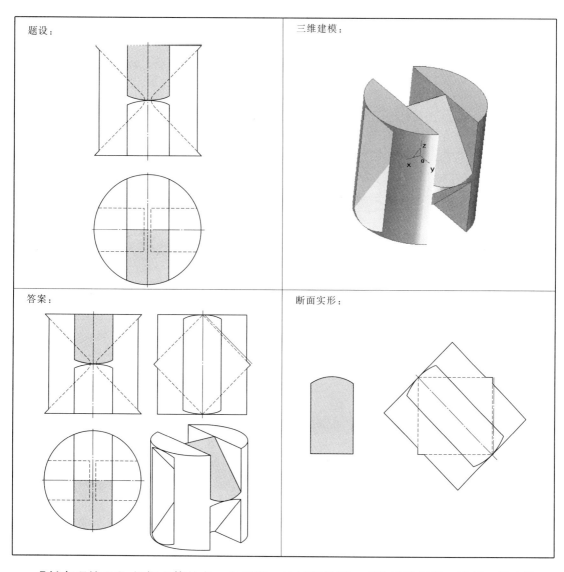

【创意研练 24】 根据立体的主、左视图，补画俯视图，采取适当剖视，进行三维建模。

题设：

三维建模：

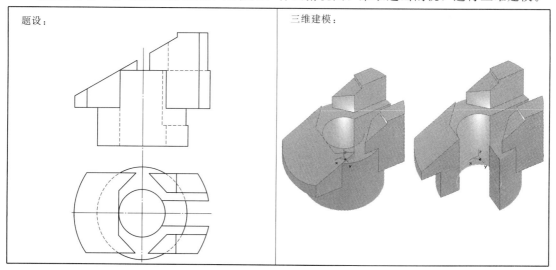

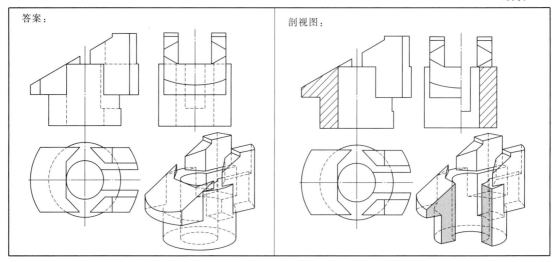

【创意研练 25】根据立体的主、俯视图，补画左视图，采取适当剖视，进行三维建模。

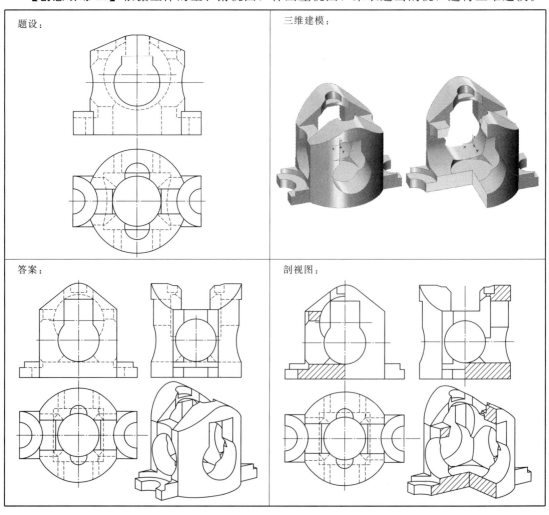

【创意研练 26】根据立体的主、俯视图，补画左视图，采取适当剖视，进行三维建模。

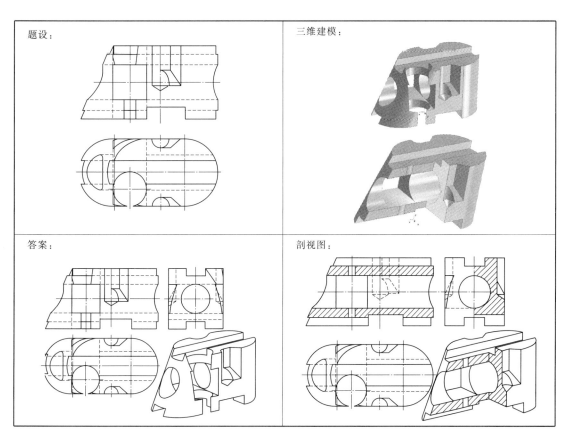

【创意研练 27】根据立体的主、左视图，补画俯视图，采取适当剖视，进行三维建模。

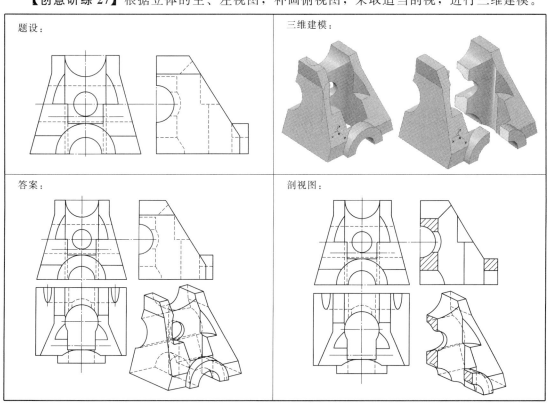

【创意研练 28】根据立体的主、俯视图，补画左视图，求断面实形，并进行三维建模。

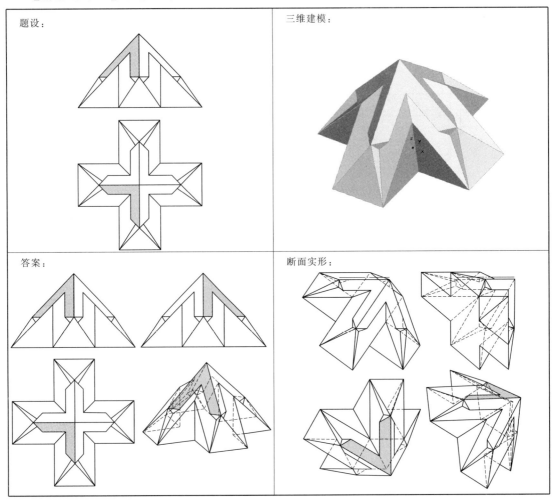

【创意研练 29】根据立体的主、俯视图，补画左视图，求出阴影断面实形，进行三维建模。

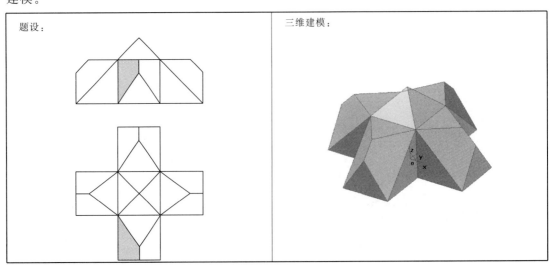

续表

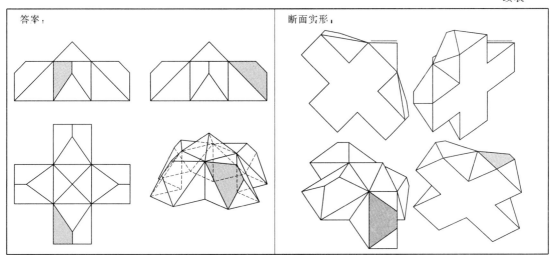

【**创意研练 30**】根据立体的主、俯视图，补画左视图，求出阴影断面实形，进行三维建模。

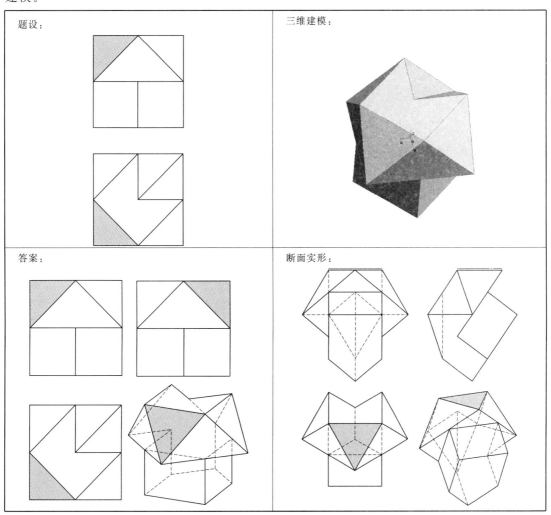

参 考 文 献

[1] 尚凤武.CAXA-3D/V2 三维电子图板基础及应用教程.北京：电子工业出版社，2001.

[2] 尚凤武.计算机绘图.北京：中央广播电视大学出版社，1999.

[3] 孙凤翔.机械工人速成看图.北京：化学工业出版社，2011.

[4] 孙凤翔.工程制图与CAD考证题解.北京：化学工业出版社，2013.

[5] 孙凤翔.3D打印奇趣造型与视图.北京：化学工业出版社，2016.